宝宝树达人育儿系列

煮父日记

一场说"走"就"走"的亲子美食旅程

——"爸爸,这个看起来好好吃,你会做吗?"

——"当然,你爸爸什么不会?不过丫头,爸爸需要你帮忙哦!"

温小飞 ◎ 著

 漓江出版社

图书在版编目（CIP）数据

煮父日记 / 温小飞著 . -- 桂林：漓江出版社，
2016.10

ISBN 978-7-5407-7940-5

Ⅰ . ①煮… Ⅱ . ①温… Ⅲ . ①婴幼儿 – 食谱 Ⅳ .
① TS972.162

中国版本图书馆 CIP 数据核字 (2016) 第 242523 号

煮父日记： 一场说"走"就"走"的亲子美食旅程

著　　者	温小飞
责任编辑	周群芳　于净茹
装帧设计	韩庆熙
责任监印	周　萍

出 版 人	刘迪才
出版发行	漓江出版社
社　　址	广西桂林市南环路 22 号
邮　　编	541002
发行电话	0773-2583322　010-85893190
传　　真	0773-2582200　010-85890870-614
邮购热线	0773-2583322
电子信箱	ljcbs@163.com
网　　址	http://www.lijiangtimes.com.cn
	http://www.Lijiangbook.com
印　　制	北京尚唐印刷包装有限公司
开　　本	635×965　1/12
印　　张	21
字　　数	207 千字
版　　次	2016 年 10 月第 1 版
印　　次	2016 年 10 月第 1 次印刷
书　　号	ISBN 978-7-5407-7940-5
定　　价	58.00 元

溜走的是时间 留下的是时光

宝宝树创始人兼 CEO 王怀南

我在纽约时曾认识一位朋友，有了孩子之后，他从一个完全不会下厨房的男人变成了精通婴儿辅食的"专家"，听着他对食物选择、营养搭配的侃侃而谈，看着那些出自他手的儿童餐谱，真是相当不可思议。我当时就在想，如果有一个平台，能让所有的爸爸妈妈把自己的育儿心得记录分享出来，那将是一件多么有价值的事。

白驹过隙，一晃宝宝树已经成立 9 年了。9 年的时间，是一个孩子最珍贵的时光，也是一个家庭相互陪伴与磨合最动人的成长轨迹。宝宝树也从最初的妈妈交流社区变成了现在中国最大的母婴家庭平台，成为了中国亿万家庭对孩子记忆的存放之地。

现在"网红"成为热门概念，当大 V 纷纷涌现、互联网让很多人一夜成名的时候，我发现这些在宝宝树坚持记录的达人们，却没有功利目的地坚持分享，即使粉丝 10 多万，他们也会逐条认真回复每一个向自己咨询的评论。这种认真和无私让我非常感动，也更坚定了我的初心。而随着这些温暖记忆的增多，沉淀下来的幸福也越来越多，看着这些记录下来的美好时光，就好像在看我自己孩子的成长历程一样，和树友一样想分享给更多的家庭。不仅仅是网络上的交流，还能沉淀下来最温情的柔软，翻开书页，你读到的不仅仅是育儿，更是人间最纯粹的爱。

这套"宝宝树达人育儿系列"中的料理达人妈妈Ousgoo（吴佩琦），是出版过若干烘焙书籍的专业人士，从法式软糖到霜糖饼干，她分享的料理食谱在"宝宝树小时光"受到极大欢迎。还有和孩子一起自制手工玩具的金洋妈咪和美食达人爸爸温小飞，他们都是粉丝众多、"树友们"非常熟悉和喜爱的宝宝树育儿达人。

宝宝树有责任记录下这一切，不仅仅是育儿知识和方法，还有最纯粹的爱的传承。我想这套系列书籍只是一个开始，我们鼓励达人和专家为用户创造更多有价值的内容，同时希望宝宝树的用户们都能在育儿和家庭生活的过程中，获得自身的成长，留住时光，享受时光。这也是宝宝树作为一家互联网公司要策划一系列纸质出版物的初衷，今后我们将会不断挖掘有潜力的达人作者，给予更多帮助，一起去传递热爱生活、记录成长的家庭观。

能抵御岁月寒苦的，唯有时光。对于宝宝树而言，承载着一代中国年轻父母的育儿记忆，承载着最纯粹的爱的源头，是我们的荣幸与使命。

2016 年 10 月 10 日

煮父是怎样炼成的

　　我，温小飞，网络熟人称曰菲爸，八零后中领头羊。少时好写作绘画天文地理，独不钟情乏味数字，无奈被纯文出身之严父扼杀兴趣于萌芽，逼至理工之路，从此不能自拔。毕业又因生活所迫，以机电科班混迹于通信圈中，混沌至今。凡所到之处，皆历公司经营惨淡，倒闭关门。几经易主，终练就钢筋铁骨之身，游刃有余之体。

　　鄙人性格双面，本好静，可宅于家中数日，依旧气定神闲，颇有高僧资质；如若混迹熟人之中，又时常出口成章，报以笑料，引众人捧腹。平素喜好烹饪，读书，或修理破损之物，所有爱好只需寸方天地，沉迷烹饪烘焙尤甚其他。经营宝树小家六年有余，常以疯狂煮夫面目示人，更新饮食日志百余篇，引众友围观。

　　我人很馋，各地饮食小吃，无论未曾谋面却早已慕名已久的，或是尝试过后依然念念不忘的，都是我煮夫修行道路上的强大动力与念想，甚至时常梦中流着口水与其相遇，激动万分，最终吮指醒来，才觉不过黄粱一梦。

　　我人很懒，懒得从头琢磨美食，眼所见，耳所闻，口所尝，心所想，只要中意，便会"剽窃"过来加以实践，打磨创新。最后香气四溢地呈现在家人眼前，博得双美赞誉，聊以慰藉。借用孔前辈的话说："窃书不能算偷……窃书！……读书人的事，能算偷么？"此意甚合我心！

　　我人很轴，一旦认准心仪美味，便如打鸡血般，充满动力激情，寻遍攻略秘方，数次尝试，屡败屡战。身未动，心中已演练千遍；刀光闪，厨房顿狼烟四起。不成私房极致，誓不罢休。工作十余载，却未曾如此费心劳力。终致青年少白，空悲切。

　　如此苦修十余载，功力渐成，期间俘获菲妈芳心，比翼相伴。而后丫头号啕而出，二美随于左右，荡剑江湖，煮夫终成煮父，煎炒烹炸蒸焖烤无一不精。怎奈贱内口味挑剔，借故挑事于锅勺之间，初始南北两派冲突不断，荤素之争，口味之斗，屡屡上演。后而妥协，融合各家之长，摈弃各派之短，自成一体，终得菲妈认可，至此琴瑟相和，举案齐眉。

　　丫头降世，菲妈又起狼烟，惧于市售婴幼食品中各种添加，转而对丫头饮食附以种种限制要求，让人焦头烂额，疲于应付。如此混沌中又过五载，终抵住压力，偷艺于网络各烘焙高手，练就一身半吊子烘焙神功，自得不已。之后以种种美食点心，轰炸二美味蕾，获取赞誉不断。尤其丫头更甚，心思单纯，胃口奇好，常以狼吞虎咽风卷残云之势加以回应，无声胜有声。小情人鞭策如斯，怎能止步不前？如此这般，更加努力加深修为，不断前行。

　　时间如白驹过隙，从年少无知踏入贼船懵懵懂懂，至加封为家中二美之御用厨师，一晃十余载，弹指而过。期间兢兢业业，甘愿频频于庖厨间挥洒光阴，只为家人奉上美味餐食，若见妻女欢喜之情，老人宽慰之态，定会傻美半日，苦累皆付诸脑后，只余满足。能诚心为所爱之人尽一份力，给在乎之人烹一生之食，无君子之名又有何妨？

　　本书并非私房菜谱秘籍，各色菜式也非极致美味，强于此书者比比皆是；本书也非育儿宝典，开篇与丫头各种场景对话，只是随境记录，随感而发，无对错之分，善恶之辩。只是将个人心意感悟点点融于道道菜式点心，以别样方式表述煮夫于家庭之爱，煮父于儿女之情。借以抛砖引玉，望能在如此浮躁纷杂之世唤起一缕平和淡然之情，仅此而已。

2016 年 9 月 28 日

我的烹饪经

　　记忆中儿时的幸福时光，是从每天的清晨开始。当我们还迷迷糊糊地蜷缩在被窝里，厨房中早已传来隐隐的叮当声响，那是母亲在忙碌着一家人的早饭。不一会儿，诱人的香味便打着旋儿地顺着门缝儿钻进我们的鼻孔，身上的每条神经瞬间清醒，只是本能地不愿脱离暖暖的被窝，依旧赖着，吸溜着鼻子贪婪地享受着起床前的美好。随着父母催促起床的喊声，原本安静的房间顿时沸腾起来，兄弟两人嬉笑打闹着，攀比着快速穿衣叠被洗脸，习惯地跑到锅台前，热气腾腾的早饭早已稳稳地等在那里。烹饪，在那时我的眼中，代表着温暖。

　　逢年过节，农村的娃儿不会奢望收到什么礼物，能一天不用到田里帮着干活，还能吃上一顿好饭打打牙祭，已经足够令我们这群孩子无比地期盼和兴奋。母亲也会一早张罗着从市场买来各种蔬菜和鱼肉，在家中的井沿旁择洗忙碌，准备一家人的过节饭食。我们也乐得应承下母亲分给的各项打下手的活计，围前围后地献着殷勤，眼睛却不住地瞟着炖煮猪肉排骨的柴锅，吞咽着口水。母亲自是明白我们的伎俩，也不拆穿，笑着借口让我们帮忙品尝熟烂与否，盛上几大块刚出锅的肉块排骨递过来，看着我们龇牙咧嘴地囫囵吃下滚烫的美味雀跃而去后，才继续在厨房中忙碌着她的活计。烹饪，在那时我的眼中，代表着喜悦。

　　长大后离家求学乃至工作，都是远离故土，常年在外，与父母难得见面，故此每次归家的日子对于父母来说就是节日。尤其是母亲，本不善言辞，见到我们除了满脸的欢喜以及几句的嘘寒问暖，剩下的就是整日忙碌在厨房中，用一顿顿丰盛的饭食来诉说她对儿女的关爱与思念。而我们也会用狼吞虎咽的吃相和夸赞回应母亲的手艺，看她一脸的高兴与满足，心酸不已。烹饪，在那时我的眼中，代表着依恋。

　　工作之初，机缘巧合结识菲妈便一见倾心，木讷如我不知如何表达爱意，本能倾注心意到每餐的饭食之中。早晨奉上亲手制作的早餐，晚上下班一同搭伙做饭，久而久之，终抱得美人而归。只是成家后煮夫的位置，当仁不让地留于我身。我也乐得此项工作，每天的空余时间大把地倾注在厨房的锅碗瓢盆之间。烹饪，在那时我的眼中，代表着美好。

　　工作不过两年，母亲病重，到最后只能异地他乡地住进医院，每日我与哥哥轮番陪床，照顾老人的一应饮食起居。母亲口味挑剔加之疾病折磨，饭店或医院食堂的饭食基本不吃，于是做饭的事情落到离医院很近的哥哥身上。每日三餐，都是哥哥送到母亲床前，哪怕老人吃上一口，都觉得无比宽慰。一日母亲突然说起想吃家乡的焖子，我一路狂奔回到家中，根据记忆中母亲做焖子的步骤，以及网上的搜罗，厨房中忙活半日，终于成功。当我带着热气腾腾的焖子来到母亲床前，看着老人吃了两口，似用尽了浑身的力气，慢慢地咀嚼，用微弱的声音连说了几声好吃，眼泪早已止不住地狂涌而出。母亲故去之后，每年家中年夜饭的餐桌，我都会一如既往地如母亲在世时一般，做上一份焖子。烹饪，在那时我的眼中，代表着思念。

　　随着丫头降生，菲妈对于家中的饮食要求越来越高，各种调味剂添加剂都明令禁止使用。至此，鸡精味精等各种调味品在厨房消失，各种有机的食材成为家中的必需品。而为了杜绝外面各种含添加剂的零食饼干，烘焙技能也被我从此涉足并一发不可收。至此，除了一家大小的日常饮食，平日里零食糕点的制作也落在我的身上。于繁忙的工作之外，我也乐得泡在厨房中鼓捣着各种吃食点心，最后看着它们被家中的大小女人一扫而光，赞誉连连。烹饪，

在那时我的眼中，代表着责任。

如今温家小女初长成，小小年纪已渐显吃货本质。口味刁钻自不必说，但凡遇到喜爱的吃食，淑女形象瞬间崩塌，狼吞虎咽的模样颇得我的真传。平素更喜欢在她的模拟厨房中鼓捣着各种想象的美食，最后端给我们品尝，等待我们的评判，专注而认真。见她喜欢摆弄这些瓶瓶罐罐，故而烹饪烘焙时，我大半会叫上丫头从旁协助，剥葱剥蒜，或是称量材料，搅拌印模，她也乐得参与进来，认真地完成每项工作。之后一起品尝评判，享受着忙碌后的喜悦与满足。烹饪，在此时我的眼中，代表着传承。

烹饪，于小家来说，是一份家务；于外面来说，是一份工作。无论哪种，结果都是一样，各色的美食在不同地域、不同性别、不同年龄，怀着不同心情的人们的手中诞生。外在酸甜苦辣咸，五味俱全；内里喜怒哀乐怨，五情皆有。或献给挚爱之人，或奉与饕餮之客。于我来说，烹饪的目的，如能倾注满腔热情与浓浓爱意于食物当中奉与家人，得老小一世安康，传承热情乐观和积极向上的生活态度给后辈，见子女一生欢颜，吾愿足矣。

目 录

温情主食坊

温暖点心屋

温情主食坊

主食，乃三餐之本，能量之源。我本好米面肉食，儿时亦得母亲影响颇深，耳濡目染，虽未得口口相传，却以聪慧之资偷学大半，各色主食菜式，皆通一二。又因自幼喜好捏泥绘画，故面食之技尤胜其他。亦以此之能一改菲妈于面食之偏见，至此死心塌地，为温氏面食之忠粉。至丫头号啕而出，需满足大小二美之味，主食技能更进一步。主副食材竞相融合，毫无违和，各色花样，层出不穷。此处罗列，不及十一。至此，家中餐桌米面齐欢，南北皆品，俱主食之功。

吃货日志 1

　　周五晚上，我陪着丫头在家中玩耍，一边和她玩着插片积木，一边充当着她构建的过家家场景中的一员。她晃动着小手向我仔细地说明："爸爸，假如你是宝宝，我是妈妈，我叫你起床，然后呢，你就问我做什么早饭，好吗？""好吧。"我答应着，顺势假装躺倒在垫子上呼呼大睡。她先是嘴上模拟着闹铃声响起，然后推着我说："宝宝，起床了。"我伸了个懒腰起身问道："妈妈，咱们早上吃什么啊？"她顺口答道："胡萝卜丝儿饼吧。你等着，我给你去做啊，宝宝。"说着假装忙碌地用玩具盘子盛起几片红色的插片积木，端到我的面前："宝宝，吃吧，小心烫哦。"我也配合着狼吞虎咽地假装吃掉。她看着我，居然舔了舔嘴唇，凑过来搂着我的脖子说道："爸爸，你这么吃我都馋了，明天早上你给我做胡萝卜丝儿饼吃，好不好？"

　　记不得什么时候和基于什么灵感，我偶尔给丫头做了一次胡萝卜丝儿饼，立马让她对这款食物一见钟情，念念不忘，隔三差五地就央求着我做给她吃。时至今日，这款吃食已经稳稳地占据丫头心中美食排行榜的首位，没有之一。无论何时，问她最喜欢爸爸做的什么食物时，百分之百会得到同一个答案——胡萝卜丝儿饼呗！可见她对其钟爱程度已然到了一个境界，以至于让人禁不住怀疑：属兔子的丫头，上辈子难道真的是只兔子？不过，这款面食的馅料不需过于复杂的调味，胡萝卜本身的甜味简单地以盐和香油辅佐，两者相得益彰，再配以刚出锅时酥脆的饼皮，味道与口感的确让人无法抗拒。连以嘴巴刁钻著称的菲妈，对这胡萝卜丝儿饼也是情有独钟。

胡萝卜丝儿饼

"爸爸，假如你是宝宝，我是妈妈，我叫你起床，然后呢，你就问我做什么早饭，好吗？"

"好吧。"

"宝宝，起床了。"

"妈妈，咱们早上吃什么啊？"

"胡萝卜丝儿饼吧。"

说着假装忙碌地用玩具盘子盛起几片红色的积木插片。我也配合着狼吞虎咽地假装吃掉。

"爸爸，你这么吃我都馋了，明天早上你给我做胡萝卜丝儿饼吃，好不好？"

制作材料

（一家四口的分量）

主料： 中筋粉 200g，胡萝卜 3 根，鸡蛋 3 个

辅料： 大葱半根

调料： 盐，香油适量

制作步骤

1. 面粉加温水和匀，揉成光滑略软的面团，盖上湿布醒 10 分钟。

2. 鸡蛋加少许水打散，胡萝卜擦成细丝备用。

3. 锅中少许油，待八成热时倒入蛋液并快速搅拌成小碎块。

4. 加入葱花翻炒出香味，再加入胡萝卜丝翻炒至断生变色捞出。

5. 趁热加入适量的香油和盐，搅拌均匀，放置一旁晾凉。

6. 醒好的面团擀成一大张长方形面皮，越薄越好。

7. 将拌好的胡萝卜馅均匀平铺在面皮上，面皮一段留出一掌宽的空白。

8. 把空白端向里折起，盖住饼皮上的馅。

9. 逐渐向里翻叠折到头封口。

10. 用刀切去两头不规则的面皮，将折好的饼坯切成长短合适的小块（一般5—10cm都可）。

11. 饼铛插电上下火打开，倒油烧热，将切好块的饼坯依次放入，收口朝下。

12. 淋上小半碗水，选择馅饼档烙制5分钟左右至两面金黄出锅。

Tips

① 鸡蛋液中加少量水，便于炒制成小碎块，均匀漂亮。

② 胡萝卜丝事先和鸡蛋碎炒制，一来吸取鸡蛋中多余油脂，二来胡萝卜素在油脂作用下更易被身体吸收。

③ 擀饼皮时在面板上多撒些面粉，防止粘连。

④ 用电饼铛烙饼一定注意加些水，这样饼芯更松软，不至于过硬。

吃货日志 2

　　每天晚上睡觉前，我都会陪着丫头玩儿一通游戏，有时是过家家的妈妈宝宝游戏，有时候是扮演各种交通工具或者动物驮着她玩儿，有时候就是讲些绘本故事。这天实在有些累了，丫头依然意犹未尽地要骑摩托车，我只好说道："闺女，咱今天玩儿个新鲜的游戏，行不？""什么新游戏？"丫头立马来了精神。"咱们今天猜谜语玩儿吧，一个人说，另外一个人猜，只许说吃的东西，看谁猜得准，怎么样？""好啊好啊，这个好玩儿！"丫头兴奋地喊道，赶忙躺到我身边说道："爸爸，咱俩开始吧，谁先来呢？""我先来吧，刚好给你示范。"我说道。"好的，那你说吧。"丫头支起耳朵严阵以待。我想了想，还是先以她最爱吃的东西编个谜语，让她容易猜出来以增强自信，于是随口说道："外面黄又脆，鸡肉藏里面，切成小条条，蘸着番茄酱。""小鸡排！！"丫头兴奋地大叫着。"对啦！"我伸出拇指说道，"真棒，这么快就猜出来了。""哈哈哈！"丫头欢快地笑着，高兴地蹦起来扭着屁股庆祝。我忙说道："好了好了，该你说了。""好吧，我想想啊！"丫头又躺下来想了想，"好了，我说了啊，外面脆脆的，里面有大葱，形状圆圆的，我们最爱吃。"我听了差点笑出声来，显而易见是刚刚和她商量好的明天早上要做的葱花饼，但我故作不知，挠着脑袋想了半天："你这个谜语好难啊，是什么呢？"还没等我问完，小丫头蹦起来大笑道："葱花饼啊，爸爸，哈哈，你没猜出来吧，我赢喽！"说罢又扭着跳起舞来庆祝胜利。

　　葱花饼，也是丫头喜欢的吃食之一，其实丫头原本很不喜欢大葱的味道，每次

手撕葱花饼

"闺女，咱们今天猜谜语玩儿吧，一个人说，另外一个人猜，只许说吃的东西，看谁猜得准。"

"好了，我说了啊，外面脆脆的，里面有大葱，形状圆圆的，我们最爱吃。"

我听了差点笑出声来，显而易见是刚刚和她商量好的明天早上要做的葱花饼，但我故作不知，挠着脑袋想了半天。

"你这个谜语好难啊，是什么呢？"

"葱花饼啊，爸爸，哈哈，你没猜出来吧，我赢喽！"

吃饭时要是见到炒菜中有葱，都会将其挑拣出来。自从一次给她做了葱花饼后，丫头便不再抵触，反而能够吃得津津有味。其实，孩子讨厌大葱，大多是因为其辛辣味道以及特殊的葱臭味为他们所不喜，如果经过特殊处理，不仅能够去除孩子不喜的味道，还能够刺激味蕾，增加食欲。这款葱花饼外皮酥脆，里面筋道软香，透着葱油香与焦香，葱本身的辛辣味道早已不见。用手将饼向中间一挤，手撕饼便层层显露出来，葱香味更加浓郁。撕下一块，放入口中，外皮早已酥酥地层层剥落，弹跳在齿间，吃起来欲罢不能，怎能不让孩子喜欢？由此得出，孩子的偏食并不是不能改变，重要的是了解他不喜欢吃的原因对症下药，改变烹饪方法，或许就能改变他的偏食习惯，让孩子爱上吃饭。

制作材料

（一大张手撕饼）

主料：高筋粉 200g，大葱一根

调料：盐，花椒（或现成的花椒面），植物油

制作步骤

1. 大葱切成葱花，花椒十几粒放入搅拌机打碎，过筛将细粉混入葱末中，加入少许盐搅匀备用。

2. 锅中放适量油烧到七八成热，关火，将热油浇入葱花中拌匀晾凉备用。

3. 温水中加少量盐化开，分次加入面粉中，和成光滑面团醒制10分钟（面和得要软些但不粘手）。

4. 醒好的面团擀成一大张面皮（越薄越好），将葱油倒在面皮上，涂抹均匀。

5. 面皮从一边开始卷，直至卷成长条，两端封口。

6. 从一端开始盘卷起来到另一头。

7. 将尾部压在盘好的面团下，醒发5分钟。

8. 醒好的面团擀成薄饼状（即使擀制时露出些葱花也没关系）。

9. 锅烧热后调小火，将饼放入烙制。

10. 一面金黄后，翻转至另一面，期间用铲子轻轻拍打饼的表面，让其分层，直至饼皮两面金黄拣出。

Tips

① 烙饼的面一定要软，不然做出的饼会发硬，口感很差。

② 喜欢的话和面的时候可以加入适量盐和花椒面，这样做出的饼里外都很有味道。

③ 浇葱花的油不用太多，其目的是激发葱和花椒面的香味，让葱完全成熟，如果怕孩子依然能吃出异味，可以将葱放入锅中和油炒熟再捞出。

④ 有饼铛的话牢记饼放入后，加少量的水再关盖烙制，不然水分极易挥发出去，容易让饼发硬。

温氏秘诀！

制作各种面食时和面的小窍门

做各种面食时都免不了和面，但和面的方法各不相同，如下罗列：

① 煮饺子的面团需要最硬，最好采用冷水和面，也可以加入盐或者蛋清增加面的韧度，便于锁住馅料中的水分，不会在煮制过程中破皮露馅。

② 擀面条的面硬度和饺子面差不多，只不过喜欢软些口感的面条可以采用温水和面，并且省略加入盐或者蛋清这一环节，切记面不要太软，不然最后切制的时候容易粘连。

③ 制作蒸饺或者煎饺的面需要软些，可以采用温水和面，加入少许的油，这样擀皮时不仅能够做得很薄还不容易粘，突出馅料口感的同时又不失面皮的弹性。

④ 制作馅饼或者葱花饼的面团可以采用烫面或者半烫面，也就是用开水和面（半烫面就是用一半开水搅开后再用温水），这样烙制的饼外皮酥脆，内芯柔软，口感很好。

⑤ 制作花卷、馒头、包子之类的发面主食，除了需要发酵之外，面团硬度比蒸饺还要略软，但要硬于制作饼类的面团。这样既能保证面团充分地发酵，又能保证制作出来的食物形状清晰，蒸制出来的成品也口感暄软，卖相十足。

吃货日志 3

一日收拾厨房，在柜子的角落翻出了大半袋梅干菜，还是几个月前岳母邮寄来的，吃过两次后便被其他各种干菜挤到了角落，遗忘在那里。心中突然泛起一种英雄落幕的感觉，代代传承的家乡美食逐渐凋零而遭此冷遇，实属不该。于是想借机给丫头普及教育一下，忆苦思甜，不能让从小泡在蜜缸中的一零后忘记了根本。

于是将正在客厅玩耍的丫头喊到厨房，打开梅干菜的袋子问道："丫头，知道这是什么吗？"丫头看了看这一袋子黑糊糊的东西，皱着眉头说道："不知道，这是什么啊？""这叫梅干菜，"我说道，"妈妈小时候就经常吃这个，那时候家中不像你现在这样有这么多好吃的，外婆在妈妈上学住校的时候都会炒一些梅干菜带着，就着学校的饭菜吃。"小丫头听了嘴一撇，一脸要哭出来的样子，"妈妈真可怜，这东西怎么吃啊！"我接着说："不过你不要小看这个东西哦，虽然它不好看，但是味道相当不错，知道为什么吗？""不知道，"小丫头摇了摇头说道，"为什么啊？""因为它是经过精心的处理才制作出来的，经过蒸、腌、晒等步骤，经历很长时间才做成的。"丫头瞪大了眼睛说道："这么复杂啊！""是啊，任何美味的东西都要倾注大量的时间和心意的，梅干菜也不例外，它是需要长时间的处理晾晒才做出来的，你闻闻，它是不是有股太阳的味道？"丫头小心翼翼地把鼻子凑过去闻了闻，有些奇怪地抬起头来问道："爸爸，太阳发霉了吗？"一句话噎得我无言以对，只好说道："丫头，我给你做顿梅干菜包子你就知道它的美味了。"于是这款梅干菜包子应运而生。

梅干菜包子

"丫头，你闻闻这梅干菜是不是有股太阳的味道？"
丫头小心翼翼地把鼻子凑过去闻了闻。
"爸爸，太阳发霉了吗？"一句话噎得我无言以对，只好说道：
"丫头，我给你做顿梅干菜包子你就知道它的美味了。"
于是，这款梅干菜包子应运而生。

嘴巴一向刁钻的菲妈倒是赞不绝口，只是丫头却是撇嘴，看来对于这种特殊的味道她还是难以接受。
或许等她长大后，对于这种家乡的味道，才能萌生跳脱满足口腹之欲之外的情感吧。

制作材料

主料： 高筋粉，干酵母，梅干菜，肥瘦肉馅（1:1 比例最好）

辅料： 葱，姜

调料： 生抽，盐，糖，水淀粉

制作步骤

1. 梅干菜用凉水清洗干净，浸泡在凉水中 15 分钟左右。

2. 锅中底油烧热，放入肉馅炒散。

3. 加入葱姜碎末翻炒出香味。

4. 加入挤干水分的梅干菜继续翻炒。

5. 加入适量的生抽、盐和糖调味。

6. 加入适量的水（没过梅干菜为宜），大火烧开后转小火。

7. 待汤汁还剩少量时，加入水淀粉收汁出锅，放凉备用。

8. 温水中放入干酵母和白糖搅拌均匀，静置 10 分钟至表面出现大的泡沫。

9. 将酵母水分次加入面粉中，一边加入一边用筷子搅面，最后和成光滑的面团。

10. 面团醒发至一倍大后，排气搓成长条，切成大小相等的剂子，拿一个剂子按扁，擀成两边薄中间厚的包子皮。

11. 面皮中间放入馅，捏起一角后按顺时针方向依次捏褶，边捏边旋转包子皮，直至最后收口。

12. 按同样方法将剩余包子包出，然后继续醒制20分钟至包子发起。

13. 蒸锅水烧开，醒发好的包子上屉蒸10分钟关火，静置5分钟后开盖，拣出装盘。

Tips

① 制作馅料时加入水淀粉的目的是保留一定的汤汁在馅里，不然梅干菜馅儿口感会发干。

② 梅干菜中本身含有一定的盐，调味时一定注意不要过量。

③ 面团初次醒发一定要到位，这是后期是否能够蒸出暄软的包子的关键。

④ 包完包子后需要静置等待二次醒发，然后开水上锅大火蒸，时间不要过长，这都是防止包子塌底的关键。

吃货日志 4

　　丫头幼儿园伙食不错，每日荤素粗细粮搭配很是合理，连菲妈这种口味刁钻的人，在幼儿园开放日尝过他们的伙食后，也是赞不绝口。两年下来，我问丫头最喜欢吃幼儿园的什么？她说很多啊。然后掰着指头数出一堆的吃食，说道："爸爸，我最喜欢吃幼儿园的豆沙包了，每次都能吃4个！"她有些得意地对我说。我吓一跳："丫头，你们幼儿园豆沙包多大啊，你竟然吃4个！"丫头想了想："有这么大吧！"说着用两手的拇指和食指比画出一个方不方圆不圆的形状，举到我眼前"就这么大！"还好，虽然不圆，但看着应该很小，不必担心小丫头收不住吃坏了脾胃。"爸爸，那你会做吗？"丫头凑过来问道。"这个嘛，我想想啊！"我故意卖了个关子。丫头有些紧张，追着问道："爸爸，你不会做吗？会吧，会吗？"我假装叹了口气说："不会。"丫头失望地哦了一声，又看到我笑得诡异，似乎明白过来，抓着我喊道："爸爸，你刚才逗我玩儿呢吧？肯定逗我玩儿呢！你会做！"我终于还是忍不住笑了起来："好吧，爸爸会做，明天就给你做一顿。""好诶！"丫头一脸的兴奋，对我又搂又抱地献殷勤。其实豆沙包还真是我的强项，不仅从小就喜欢吃，自己掌勺之后更是喜欢做。既然小丫头这么喜欢，再次出山做一次又何妨。

自制豆沙包

"爸爸，我最喜欢吃幼儿园的豆沙包了，每次都能吃4个！爸爸，你会做吗？"

我假装叹了口气："不会。"

丫头失望地"哦"了一声，又看到我笑得诡异，似乎明白过来。

"爸爸，你刚才逗我玩儿呢吧，你会做！"

其实豆沙包还真是我的强项，不仅从小就喜欢吃，自己掌勺之后更是喜欢做。既然小丫头这么喜欢，再次出山做一次又何妨。

制作材料

面皮： 高筋粉，干酵母，温水，白砂糖

馅料： 红豆，白砂糖，水

制作步骤

1. 提前一天将红豆用凉水浸泡，直至完全泡开（用手可以将红豆抠开碾碎，则证明泡发完毕，建议中间换一次水），泡开的红豆沥干放入电饭锅，根据自己的口味加入适量白糖和凉水（水豆的比例1:3），调到煮饭档煮制。

2. 电饭锅跳闸后，焖制10—15分钟再揭开锅盖，防止粘底。然后用饭勺将煮熟的红豆碾碎盛出放凉备用。

3. 干酵母和白砂糖用水溶解，加入面粉中揉成光滑面团。

4. 醒发到原来体积的两倍大，排出里面的空气，搓成长条揪成

剂子,并用湿的屉布盖住,随用随取。

5. 拿一个剂子,擀成中间厚两边薄的面皮。

6. 放入适量红豆馅,用包包子的手法将红豆馅包入。

7. 包好后将有褶一面朝下放置并整形搓圆。

8. 包好的豆沙包放置15—20分钟醒制,直至外表圆圆地鼓起,掂在手中有重量变轻的感觉,按一下会慢慢回弹,二次发酵完毕。

9. 蒸锅水烧开,浸湿屉布,将醒发好的豆包摆在笼屉中,大火蒸制10分钟,然后关火静置5分钟后开盖拣出。

Tips

① 自制的豆沙馅豆香浓郁,健康营养,远不像超市中购买的成品豆沙馅儿添加了太多的东西,只是注意红豆一定要提前泡好,不然很难煮烂。

② 喜欢细豆沙馅的可以用细筛子捻一遍煮好的豆沙馅将皮滤出,或者用料理机再进一步打细。

温氏秘诀2

如何挑选杂粮豆类以及杂粮豆类的存储

制作主食时除了大米白面以外最好再搭配些杂粮豆类，让三餐之本的主食更加丰富，营养更加全面一些。挑选豆类时注意选择表面有自然的光泽，颗粒饱满匀称无虫咬，用手搓一下放到鼻子前闻无发霉味道等异味的为佳。其余各种杂粮类似小米、黑米、燕麦、糙米、薏仁等等也是如此，初步的辨别方法大同小异。

存储杂粮的时候注意以下几点：

① 使用专门的米桶或者杂粮密封盒，在阴凉干燥处存储。

② 用纱布包一小包花椒埋放在杂粮当中，防止生虫。

③ 拿取杂粮豆类的时候，保持取米罐干燥，勿让水溅入。一次性购买不宜太多，人口不多的话建议以 5~10kg 的小包装为宜。

吃货日志 5

　　家中民主风格浓厚，每个人对于任何事情可以直言自己的不满，讲出道理即可商量，对于丫头也是如此。岳母常说丫头嘴巴厉害，虽然只有三五岁的年纪，但说起道理来一套一套的，从不饶人，想来和家中的氛围不无关系。一日下班回家吃饭，岳母做了茄子和炒芹菜，丫头上饭桌瞟了一眼，很不满地说："外婆，这么难吃的菜你做给我吃啊！"说着还一脸的不高兴。我忙正色厉声说："诶！丫头，怎么和外婆说话呢？不能这么没礼貌，跟外婆道歉！"小丫头嘴巴一撇，一副欲哭的模样，见我沉着脸真的生了气，便低头小声说："对不起，外婆。"说完眼泪刷地流下来，满脸的委屈。之后抽噎着说道："可就是不好吃么，芹菜我根本嚼不烂嘛。"

　　意识到刚才的语气过重，我饭后又把丫头叫到身边，和她解释了一番为什么要尊重长辈的道理，小丫头情绪才得以缓解。之后我又问她："丫头，你是不喜欢芹菜的味道还是就是因为嚼不烂啊？""我喜欢芹菜啊，就是嚼不烂咽不下去，我才不喜欢的。"丫头一脸愁容地说。"这样啊，那爸爸明天给你做一种你能嚼烂的芹菜，怎么样？""好啊好啊，爸爸，你要怎么做？"丫头一扫之前的不快，满脸兴奋地追问。"先不告诉你，明天你就知道了。"其实我也并没有想好该怎样做，只是初步想把芹菜切成小丁放在饭菜里，这样截断了芹菜的筋，也就方便咀嚼了。经过反复思索，决定仿照儿时母亲做肉干饭的方法，把她平时不喜吃的芹菜、香菇、洋葱等蔬菜和肉丁米饭放在一起焖制，不仅能很好地遮掩她不喜欢的食材味道，而且切成小丁后的口感也会好很多，适合孩子的胃口。于是这款饭菜合一的吃食就这样上了家中餐桌，颇受丫头的喜欢，我给它起了个好听的名字——什锦油焖饭。

什锦油焖饭

"丫头，你是不喜欢芹菜的味道还是就是因为嚼不烂啊？"

"我喜欢芹菜啊，就是嚼不烂咽不下去，我才不喜欢的。"

"这样啊，那爸爸明天给你做一种你能嚼烂的芹菜，怎么样？"

"好啊好啊，爸爸，你要怎么做？"丫头一扫之前的不快，满脸兴奋地追问。

"先不告诉你，明天你就知道了。"

于是这款饭菜合一的吃食就这样上了家中餐桌，我给它起了个好听的名字——什锦油焖饭。

制作材料

主料： 大米，胡萝卜，白洋葱，土豆，藕，西芹，香菇，鱿鱼，猪肉（最好肥瘦都有，五花是最好不过了）

调料： 盐，冰糖

制作步骤

1. 大米淘洗，放入电饭锅加水浸泡半小时备用（水米比例约为1:1），除大米外的所有辅料都处理干净备用。

2. 将所有原材料切成小丁。

3. 锅中少许油加热至三四成热，放入肥肉丁煸炒直至油析出。

4. 肉丁表面金黄后放入洋葱丁继续煸炒。

5. 待洋葱丁变得透明香味析出时，再放入香菇丁煸炒出香味。

6. 放入瘦肉丁和鱿鱼丁煸炒，同时加些黄酒。

7. 瘦肉丁变色后加入土豆丁、藕丁、胡萝卜丁一起煸炒1—2分钟，加入盐和三五粒冰糖，继续煸炒至冰糖融化。

8. 加入芹菜丁煸炒出香味后，将泡米水全部倒入锅中（米留在电饭锅中），待烧开后，将其倒入电饭锅中，搅拌均匀后盖盖调到煮饭档。

9. 待电饭锅跳闸后，不要揭开锅盖，继续再焖半个小时即可。

Tips

① 水不要过多，不然出来的焖饭发粘，口感不好。

② 里面的配菜可以换成其他喜欢的蔬菜。

③ 煸炒肥肉的目的就是析出猪油，会让米饭更加入味香浓。

④ 也可加入生抽煸炒，这样也是好吃的酱油焖饭。

吃货日志 6

　　菲妈出差的周末，只剩了我们爷儿俩在家。到了中午，我正琢磨着吃些什么的时候，看到丫头正打开冰箱门，站在垫脚凳上往里面看；小手在里面划拉着，看样子也是有些饿了。我喊道："丫头，冰箱里还有什么？"小丫头回过头来，小手一摊，不甘心地叹了口气说道："爸爸，牛奶没有了，巧克力也没有了，什么零食都没有。"我一脑门子黑线，说道："馋丫头，我是问冰箱里还有什么菜，看看咱们中午吃什么。""哦，那你不说清楚。"丫头一脸的无奈，又往冰箱里张望，"爸爸，什么都没有了，你忘买菜了吧！"我过去一看，的确，冰箱里空荡荡的，只剩下半根胡萝卜、两朵香菇、半颗洋葱，还有蒸肉时剩下的几块边角料。丫头一脸愁容："爸爸，我都要饿瘪了，家里什么都没有，咱们吃什么啊！"我拍着胸脯说："别担心，别看只剩这几样，你爹照样给你做顿美味！让我想想……得嘞，中午咱们就吃卤肉饭，咋样？""啥叫卤肉饭？"丫头一脸疑惑地问。"就像咖喱饭一样。"我解释道，"只不过没有咖喱，但绝对比咖喱饭好吃。"丫头一听说比咖喱饭好吃，一脸馋样毫不掩饰，又示好地蹭过来对我又搂又抱："爸爸，那赶紧做吧，我都等不及了。"于是，就这几样边角料的蔬菜肉类，成就了我们爷儿俩的一顿美味卤肉饭。

温氏卤肉饭

"丫头，冰箱里还有什么？"

"爸爸，牛奶没有了，巧克力也没有了，什么零食都没有。"

"馋丫头，我是问冰箱里还有什么菜，看看咱们中午吃什么。"

"哦，那你不说清楚。爸爸，什么都没有了，你忘买菜了吧！"

的确，冰箱里只剩下半根胡萝卜、两朵香菇、半颗洋葱，还有蒸肉时剩下的几块边角料。我拍着胸脯说："别担心，别看只剩这几样，你爹照样给你做顿美味！"

制作材料

主料：五花肉，香菇，胡萝卜，白洋葱，鸡蛋，大蒜

调料：白酒，生抽，老抽，十三香，冰糖

制作步骤

1. 五花肉切丁，肥瘦分开（切记不要去皮）。

2. 香菇、胡萝卜、洋葱、大蒜均切成小丁备用，鸡蛋煮熟剥皮备用，锅中放少许油，放入肥肉丁煸炒至出油且颜色金黄。

3. 放入洋葱丁和蒜丁煸炒出香味。

4. 放入瘦肉煸炒片刻，再放入香菇丁煸炒析出水分并且析出香味。

5. 放入胡萝卜丁继续煸炒三五分钟。

6. 加入白酒，翻炒至酒精挥发，

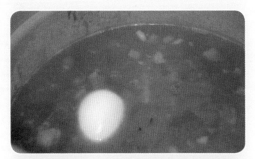

放入生抽调味，老抽调色，加入冰糖和十三香翻炒至冰糖融化（如锅中汤汁过少，可加入少量开水翻炒至冰糖融化）。

7. 加入适量开水，并转入高压锅，放入剥皮的鸡蛋，盖上盖子。

8. 开大火至放气后，调中火20分钟关火开盖，再开小火至汤汁粘稠关火，卤肉酱制作完毕。淋在焖制好的米饭上，卤肉饭完成。

Tips

① 卤肉饭一定要用五花肉，这样配合炒出的猪油才香糯。

② 制作时用白酒的味道更好，据说正宗的卤肉饭烹入的都是白酒。

③ 生抽老抽混合放入再加入冰糖，会在入味的同时上色也漂亮。

④ 香菇和洋葱都是提味儿的关键，建议都放。

温氏秘诀3

如何挑选大米

散装大米的挑选：

① 看。色泽干净透亮，颗粒均匀，形状饱满光滑，碎米少，用手抓起来再撒回，手上无残留的碎末，无异色的米粒掺杂。

② 闻。陈米或者经过特殊处理的大米都会有些异味，真正的新米有清新的米香味道，尤其用手搓一下摩擦更为明显。

③ 尝。放两粒到口中嚼一下，新米口感清香，稍粘牙，陈米不仅没有特有的米香味道，而且口感硬，无粘牙感。

包装好的成品米的挑选：

① 包装袋上信息齐全，产品名称、产地、净含量、生产厂家、生产厂家地址、生产日期、保质期等等必须要有的信息不能缺少。

② 挑选外包装袋上有"QS"标志的产品，有"QS"标志代表符合国家质量安全标准的基本要求。

③ 在满足保质期的要求下，挑选生产日期较近的产品。

④ 尽量在大型超市购买，毕竟进驻大型超市的产品比小商小贩来得更加安全一些。

吃货日志 7

　　家中的早餐，一直以来都是正式而丰富的，这也是因为我一直信奉早餐要吃饱这个原则，所以在我家，早餐往往比其他两餐更让小丫头期待。这个周末的早晨，丫头起床后又习惯性地先跑到厨房里，看看我在做什么。当她看到面板上摆着一个个盘起圈儿来立在那里的面剂子，好奇地问道："爸爸，这个是做什么啊，那个小面团怎么还一圈一圈地站着呢？好漂亮！"我答道："还记得爸爸给你做过酥酥脆脆的馅饼吗？饼皮是一层一层的那种？""记得啊！"我的提醒立马唤起了丫头的兴奋："我可爱吃那个饼了，香香的！爸爸，你又在做那种饼么？""对啊，今天早晨咱们就做酥皮馅饼，怎么样？""好诶！"丫头一蹦老高，高兴地扭着屁股跳起舞来，看来今天的早饭对了她的心思。我又说："不过咱家只剩圆白菜了，所以咱们今天就做素馅的怎么样？""好啊，没问题，我最爱吃圆白菜了，我是小兔子嘛。"说罢标志性的小嘴吸溜着，但突然又一皱眉，仰着小脑袋问道："爸爸，你怎么办啊，没有肉你爱吃吗？"我哈哈一笑，看来丫头深知我这无肉不欢的性情，于是说道："没关系，偶尔一次爸爸还能忍的，不过你要记得等我老了，你给我做饭的话一定要顿顿有肉哦！""好的，爸爸，我到时候每天都给你做肉吃！"小丫头斩钉截铁地说道。于是这顿酥皮素馅饼的早餐，就在我们爷儿俩的东拉西扯间完成了。当然，小丫头之所以能够沉住性子陪我在厨房，最大的动力源就是又从我的面板上顺走了一大块面团儿。

酥皮素馅饼

"爸爸，这个是做什么啊，那个小面团怎么还一圈一圈地站着呢？好漂亮！"

"今天早晨咱们就做酥皮馅饼，怎么样？"

"好诶！"丫头一蹦老高，高兴地扭着屁股跳起舞来。

"不过咱家只剩圆白菜了，所以咱们今天就做素馅的怎么样？"

"好啊，没问题，我最爱吃圆白菜了。"

"可是爸爸，没有肉你爱吃吗？"

"没关系，偶尔一次爸爸还能忍的，不过你要记得等我老了，你给我做饭的话一定要顿顿有肉哦。"

"好的，爸爸，我到时候每天都给你做肉吃！"

制作材料

主料： 高筋粉，圆白菜半个，鸡蛋两个，大葱半根

调料： 盐，白糖，香油，十三香

制作步骤

1. 用加入少许盐的温开水将面粉和成光滑的面团（面团适当软一些），盖上湿屉布醒 10 分钟。

2. 圆白菜切碎，放入少量盐拌匀，放置一旁腌制 10 分钟。

3. 锅中放入适量油，鸡蛋打散，待油热时倒入并迅速搅拌，做成鸡蛋碎盛出备用（油可以放多些，后面我们便不再放油调馅）。

4. 圆白菜挤出水分放入鸡蛋碎中，并加入葱末，放适量白糖、盐、香油、十三香搅拌均匀。

5. 醒好的面团再揉均匀，然后擀成薄厚均匀的面皮。

6. 面皮表面均匀抹上植物油然后卷起。

7. 切成大小均一的剂子。

8. 拿起剂子两头捏紧并拧一下按扁，面皮完整的一面朝上。

9. 拿一块剂子，擀成饼皮且面皮完整的一面朝下。

10. 按照包包子的方法包成包子。

11. 包子褶朝下放置，并按扁。

12. 电饼铛加油预热，选取馅饼档，放入包好的馅饼并淋上少许水，盖上盖烙制5分钟至表面金黄出锅。

Tips

① 圆白菜也可不提前腌制去除水分，只是包制过程要快，不然容易出汤。

② 炒鸡蛋时油可以稍微多些，这样和馅儿时不需再次放油。

③ 烙制时可以将馅饼上面也刷些油，这样出锅保证饼皮两面酥脆。

④ 馅料随自己搭配，素肉都可，重要的是酥皮的制作。

吃货日志 8

　　周末的早晨，丫头起床后看到我正在包饺子，脸都顾不得洗就跑过来喊道："爸爸，给我块面团儿好么？我也要做早饭了。"每次家里做面食，丫头必然要过来讨要面团，这次也是不例外。只是她刚到近前，立即被面板上刚刚包好的麦穗饺子吸引了注意，也顾不得要面团，两只小手扒着面板，眼睛瞪得大大的，一脸的惊讶："哇，爸爸，你包得好漂亮啊，像小花儿一样！"我得意地说："那当然，你爹什么不会！来来来，我教你。""不要！"丫头小嘴一撇说道，"一看就太难了，我还是等着吃吧。"说罢，小嘴一吸溜假装一副馋样儿，转头自顾自玩耍去了。临走顺势伸出小贼手快速地揪了一块面团，留下一串儿银铃般的得意笑声。

　　麦穗煎饺，顾名思义，就是包出饺子的褶子形似麦穗，属于饺子的一种花式包法。儿时的记忆中，母亲总是能手法娴熟地以这种手法魔术般地将满满的馅儿包裹起来，没有一丝泄漏，而且麦穗形状圆润漂亮，赏心悦目。如今我在家中掌厨十几年，对于这种包法当然也能够得心应手地操作。时常也会早晨起来现包一些做成煎饺，再搭配些杂粮粥或者豆浆之类，作为全家人的早餐。

麦穗煎饺

　　丫头被面板上刚刚包好的麦穗饺子吸引了注意，眼睛瞪得大大的，一脸的惊讶：

　　"哇，爸爸，你包得好漂亮啊，像小花儿一样！"

　　"那当然，你爹什么不会！来来来，我教你。"

　　"不要！一看就太难了，我还是等着吃吧。"

　　说罢，小嘴一吸溜假装一副馋样儿，转头自顾自玩耍去了。临走顺势伸出小贼手快速地揪了一块面团，留下一串儿银铃般的得意笑声。

制作材料

主料： 中筋粉，韭菜，猪肉，鸡蛋

调料： 盐，糖，生抽，十三香，香油

制作步骤

1. 中筋粉中加入温淡盐水和成光滑面团，盖上屉布醒 20 分钟。

2. 猪肉切成小丁。

3. 锅中放油烧热（适量多些，后续和馅的时候不需再放），倒入打散的鸡蛋用筷子迅速搅散炒成小块，放入切好的猪肉中。

4. 加入适量盐、糖、生抽、十三香与香油调味，与鸡蛋碎肉丁搅拌均匀入味 20 分钟。

5. 韭菜择洗干净，切除根部小段不用（与地面接触比较难洗），然后切成小碎段放入肉馅中。

6. 开始包制前将韭菜和肉馅混合均匀（防止搅匀后放置时间过长出汤）。

7. 醒好的面团再次揉至细腻光滑，松弛 5 分钟后搓成长条。

8. 切成大小一致的剂子。

9. 用擀面杖将剂子擀成大小一致厚薄均匀的饺子皮。

10. 拿起一个饺子皮放入馅料，用拇指和食指从饺子皮的一端开始，左右交替捏褶，将两边的饺子皮捏合，直到另一端捏紧封口。

11. 按照同样办法把所有饺子包好。

12. 平锅烧热加油，将包好的饺子摆放好。

13. 加入大约250ml水（一小碗），盖盖大火煎制约七八分钟，待锅中发出噼啪的响声时，调小火开盖煎至汤干且散发焦香味道时关火，用铲子小心地将饺子铲出装盘。

Tips

① 包饺子自己剁肉馅最好，最好切成小丁为宜，不要太碎影响口感。

② 肉馅一定要提前腌制几十分钟再放蔬菜和匀，这样不仅肉入味，还能最大限度地阻止蔬菜出汤，难以包制。

③ 煎饺和蒸饺的面可以和得软一些，煮饺子的面要和得硬一些。

④ 煎饺时放水的量根据馅料的不同适当增减，比如韭菜这种易熟的少放些，白菜这种不易熟的多放些。

⑤ 放的水可以混合少量面粉，或者本身饺子放入锅中前蘸少量面粉，这样出锅时容易铲起，不粘锅，而且表皮金黄酥脆。

吃货日志 9

一天，丫头跑过来神秘兮兮地对我说："爸爸，你知道我喜欢吃什么样的东西吗？"我说："什么样的啊？"她悄悄地说："我发现我喜欢吃油的，什么油条啊，胡萝卜丝儿饼啊，还有煎的小鸡排啊什么的。"我忙说："丫头，吃咱自家做的可以，外面油炸的可不能随便吃啊！""我知道！"小丫头一本正经地说，"外面的油不好，都是臭的，吃多了会生病，会有小细菌，知道吗？"那神态，活脱的家长教育孩子的模样，好像是我非要嚷着吃外面的油炸食品似的，看来菲妈平时给小丫头洗脑很是彻底。接着，她又凑过来，搂着我的脖子趴在我耳边说："所以啊，爸爸，你还是在家给我做吧。上次我吃外婆买的小麻花很好吃，你会做吗？"我恍然大悟，原来前面铺垫一堆，在这里等着我呢。好吧，无所不能的老爸只能应承下来，乖乖地钻入小丫头的圈套。给她做一份香酥小麻花，满足她对这道吃食的无限念想吧。

香酥小麻花

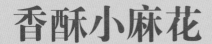

"爸爸，你知道我喜欢吃什么样的东西吗？"

"什么样的啊？"

"我发现我喜欢吃油的，什么油条啊，胡萝卜丝儿饼啊，还有煎的小鸡排啊什么的。"

"丫头，吃咱自家做的可以，外面油炸的可不能随便吃啊！"

"我知道！"小丫头一本正经地说，"外面的油不好，都是臭的，吃多了会生病，会有小细菌，知道吗？所以啊，爸爸，你还是在家给我做吧。上次我吃外婆买的小麻花很好吃，你会做吗？"

我恍然大悟，原来前面铺垫一堆，在这里等着我呢。

制作材料

主料： 中筋粉 150g，细砂糖 16g，鸡蛋 45g，水 30g，小苏打 1/4 小勺，盐 1g

炸制要点： 食用油适量

制作步骤

1. 将面粉、小苏打和盐混合均匀，加入鸡蛋、水和糖的混合液搅拌均匀，和成光滑的面团，醒发 20 分钟。

2. 面板上撒些薄面，将面团擀成近似长方形的薄片，厚度约3mm。

3. 用轮刀切成 4—5mm 的长条。

4. 取一根切好的长条搓圆，提起一端，另外一端朝一个方向搓卷到上劲。

5. 搓卷上劲的面条对折，让其自动缠绕后，捏紧头端并再卷几圈。

6. 再次对折，面条自动缠绕后可以再多卷几圈，最后捏紧合拢端，完成麻花生坯。

7. 锅中倒入适量食用油（可以没过麻花生坯），烧到四五成热放入麻花生坯。

8. 生坯浮起至一面变黄后，用筷子拨动翻面，炸制金黄后出锅沥油晾凉。

Tips

① 下锅的油温控制比较关键，对比了一下，凉油下锅口感偏硬，四五成热下锅口感会更加酥脆一些。

② 麻花生坯的合拢端一定要捏紧，不然炸制的时候容易散开。

③ 麻花生坯制作好之后醒制 5—10 分钟，这样可以消除面团内的应力，炸制时更容易保持形状。

④ 炸制过程中需要调成小火，不然油温过高会造成表面成熟内部偏软的情况。

温氏秘诀 4

如何控制炸制食物的油温

① 如果炸制容易糊但不粘锅的食物，如花生米，可以热锅凉油直接下锅，随后调小火慢慢炸制，直到成熟。

② 如果炸制挂糊的食材，如茄盒、里脊等等，必须等到油五六成热（少量青烟并伴随油微微翻滚，把筷子放下去有大气泡泛起）放入，调中火，待其定形浮起时用筷子翻面，让其均匀受热，微黄时捞出，全部炸制完毕捞出后等油八成热时再放入复炸，表面金黄时控油捞出。

③ 如果炸制面食，如麻花、油条等，等到油温大概四五成热时调至中火，并放入生坯，待生坯浮至油面时用筷子勤翻，直到表面金黄后控油捞出。如果需要整体酥脆的口感，也可以进行复炸操作。

吃货日志 10

　　家中日常饮食，主食的架构搭配还算健康合理。各种粗粮摆满了柜子，平时家中的粥和米饭，很少使用纯的白米，各种杂粮都会放一些。丫头这点随了菲妈，无论米饭中加了多少杂粮，无论口感粗细，她都很是喜欢。反而做了白米饭时，小丫头还会一本正经地教育我们："看看，今天没放黑米杂粮，多没营养啊！"

　　正好岳母过年回来，从老家带了很多白玉米面，除了日常会用来做白玉米面糊涂汤，我也会用白面和玉米面两掺起来，加些核桃红枣做成发糕。这道吃食粗细搭配，加上核桃红枣的甜香，很得家人的喜欢。尤其是丫头，即便不用吃菜，也能美滋滋地啃上一块。

核桃红枣发糕

丫头随了菲妈，无论米饭中加了多少杂粮，无论口感粗细，她都很是喜欢。反而做了白米饭时，小丫头还会一本正经地教育我们：

"看看，今天没放黑米杂粮，多没营养啊！"

正好岳母过年回来，从老家带了很多白玉米面。我用白面和玉米面两掺起来，加些核桃红枣做成发糕。丫头即使不用吃菜，也能美滋滋地啃上一块。

制作材料

主料： 中筋粉（普通面粉）250g，白玉米粉250g（黄玉米粉更漂亮），

细砂糖70g，红枣丁70g，核桃碎70g，酵母10g，温水370g

蒸制要点： 开水上锅25分钟

制作步骤

1. 温水中加酵母和细砂糖化开。

2. 核桃仁入烤箱烤15分钟至熟，拿出切碎；干红枣洗净去核切小条备用。

3. 酵母水静置10分钟，表层起一层泡沫即可以使用。

4. 酵母水加入混合均匀的玉米面和白面中，揉成均匀面团（发糕的面团会有些黏，尽量手上沾些油后再揉）。

5. 加入核桃碎和红枣揉至均匀。

6. 8寸方烤模抹油，将面团放在里面按平。

7. 盖上保鲜膜至温暖处醒发至胀满，蒸锅水烧开，放入烤盘，中火蒸制25分钟关火拿出切块即可。

Tips

① 为缩短发酵时间，可将酵母与水混合后静置 10 分钟激发活性再用来和面。

② 发糕的面要比馒头的面软一些，由于不需要整形，所以稀些也无所谓。

③ 核桃红枣之类的随意改动，多点少点都可以，也可以改成其他的，如葡萄干、蔓越莓等。

吃货日志 11

　　随着大街小巷弥漫着粽子的香味，各大超市争相上架各式精美的粽子礼盒，一年一度的端午佳节又将来临，我也被这浓浓的气氛所感染，思乡之情油然而生。也许是常年在外漂泊使然，让我对每一个传统节日都会倍加上心，只是所在意的不再是节日本身，而是借以寻找一种依托情感和思念的时机和载体！三两日假期，三五枚粽子，也能让在外奔波的脚步暂时得以停息，疲惫的心情得以寻求片刻的沉淀与宁静。

　　自到北京工作，每逢端午佳节，我都会自己购买糯米和粽叶来制作粽子。而这种传统的食品对于我来说，已不仅仅局限于品尝所带来的片刻享受那么简单，更为注重的却是精心准备和制作时的一种心境。包裹在清香的粽叶中的，除了洁白的糯米和各种食材，更是融入了游子在外的思念与情怀！

　　如今有妻有女，这个包粽子的传统依然继续。丫头对于这种传统食品倒是喜欢得很，无论家乡传统的白粽，还是南方流行的肉粽，都是来着不拒。尤其每次从岳母家探亲归来，总会要求带上家中包的几枚肉粽留作路上吃。只是她的吃相实在惨不忍睹，满手黏黏地扒着粽叶，小嘴巴在大大的粽子上东一口西一口地咬着，不时伸出小舌头上下舔食粘在嘴边的糯米粒，那模样似乎相当陶醉于粽子的美味。

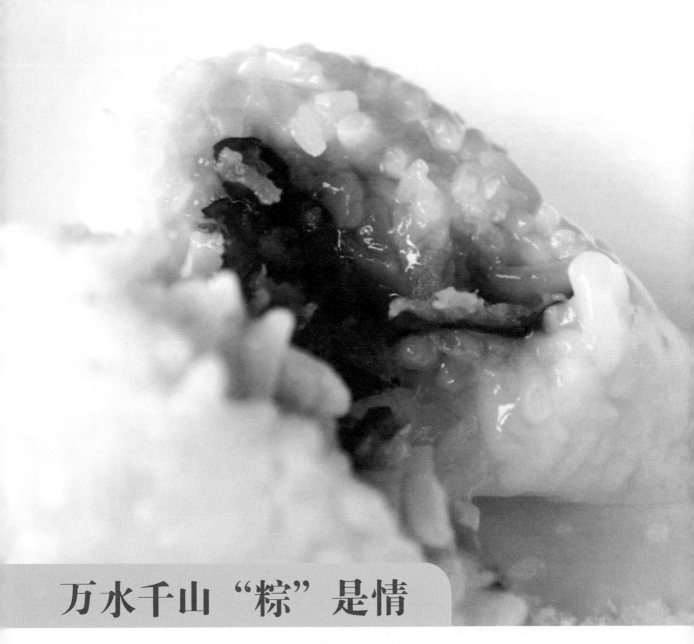

万水千山 "粽" 是情

　　丫头对于这种传统食品倒是喜欢得很，无论家乡传统的白粽，还是南方流行的肉粽，都是来着不拒。只是她的吃相实在惨不忍睹，满手黏黏地扒着粽叶，小嘴巴在大大的粽子上东一口西一口地咬着，不时伸出小舌头上下舔食粘在嘴边的糯米粒，那模样似乎相当陶醉于粽子的美味。

制作材料

主料（以肉粽为例）：圆糯米，五花肉，粽叶与绑绳
调料：生抽，老抽，料酒，白砂糖，五香粉

制作步骤

1. 五花肉剔皮切成小肉块，用生抽，料酒，白砂糖，五香粉拌匀，放入冷藏柜腌制24小时备用。

2. 糯米洗净加入凉水放入冷藏柜，泡制24小时备用。

3. 粽叶和绑绳提前泡进凉水，让其更加柔韧。

4. 包制前先将泡好的糯米控干水分，加入生抽、老抽、白砂糖拌匀腌制半个小时。

5. 粽叶和绑绳用水煮开半个小时后放入冷水中，拿3片粽叶（由于鲜粽叶较小，需要3片，大片的需要两片即可），剪去根部，正面朝里，弯成漏斗状。

6. 填入腌制好的糯米，放入一两块五花肉，再用糯米填满整个"漏斗"。

7. 将长边的叶子整个盖上漏斗的口并将两边盖好，掐住前端捋出粽子的一角，然后拦腰用绑绳将其捆扎起来。

8. 同样方法包好所有的粽子，放入高压锅中，加入凉水直至没过粽子。盖好盖子，放气后转小火一个钟头后关火。

Tips

① 浸泡后的糯米包的粽子口感软糯，如果喜欢弹牙口感的话也可以直接洗净糯米包制。

② 粽叶一定要用水煮沸半小时以上，消毒杀菌。

③ 小粽叶比较难操作，而且包不了太多，喜欢的话可以选择叶宽的大粽叶。

④ 煮制肉粽时最好在水中加入适量的盐，不然里面的味道渗出，会让粽肉的口感变淡。

⑤ 有时间的话还是用小火慢煮，时间大约要两三个小时，这样煮制出来的粽子口感更加软糯紧实，高压锅只是心急口快之人的替代方案。

吃货日志 12

　　"爸爸，这个比萨好辣！"丫头用小手快速地在嘴边扇着风，大口地喝着白水，嘴巴不住吸溜着。我们第一次带着丫头吃比萨，特意点了不辣的款式，结果丫头还是嫌辣。"不会吧，丫头，你再尝一口，应该不辣啊。"我劝说道。丫头抵挡不住比萨的香味，又小心翼翼地咬了一小口："辣，爸爸骗人！"说罢又紧着喝水。我咬了一口仔细品尝，终于找到问题的来源，是黑胡椒的辛辣味道，让丫头敏感的味觉神经难以忍受。不过目前大多数的比萨制作时都会加入黑胡椒进行调味。虽然丫头喜欢比萨中芝士和番茄酱的味道，但是惧于黑胡椒的威力，只能草草地吃掉两块饼底作罢。

　　为了能够让喜欢面食的丫头畅快地体验这异域美食，我决定在家中制作一次比萨让丫头大快朵颐。丫头得知后兴奋不已，围在我的身边叽叽喳喳地说个不停："爸爸，我要吃带香肠的，多放番茄酱啊，饼要烤得脆脆的啊。"接着又竖起指头，郑重地嘱咐道："爸爸，千万不要放胡椒粉啊，千万！""知道了，丫头，放心吧。"于是，这款大号的金枪鱼比萨就在丫头反复的提醒以及频繁跑到厨房监工的背景下诞生。我按照她的要求刷了很多的番茄酱，撒了香肠、金枪鱼，以及厚厚的芝士。第一次品尝就让丫头欢喜得很，着实地过足了比萨瘾。

金枪鱼比萨

第一次我们带着丫头吃比萨，特意点了不辣的款式，结果丫头还是嫌辣。

"不会吧，丫头，你再尝一口，应该不辣啊。"

丫头抵挡不住比萨的香味，又小心翼翼地咬了一小口："辣，爸爸骗人。"

终于找到问题的来源，是黑胡椒的辛辣味道，让丫头敏感的味觉神经难以忍受。为了能够让喜欢面食的丫头畅快地体验这异域美食，我决定在家中制作一次比萨让丫头大快朵颐。丫头得知后兴奋不已，围在我的身边叽叽喳喳地说个不停：

"爸爸，我要吃带香肠的，多放番茄酱啊，饼要烤得脆脆的啊。千万不要放胡椒粉啊，千万！"

"知道了，丫头，放心吧。"

于是，这款大号的金枪鱼比萨就在丫头反复的提醒以及频繁跑到厨房监工的背景下诞生。

制作材料

面饼材料（14寸方形烤盘，或者3个8寸烤盘）：

高筋粉210g，低筋粉90g，水180g，橄榄油20g，细砂糖15g，干酵母1小勺（约5克），

盐1小勺（约5g），奶粉15g

馅料： 比萨酱9大勺（或者看个人口味调整），芝士280g，金枪鱼肉、热狗肠、青豆和冰虾仁适量。

烘焙要点： 烤箱中层，210℃，约20分钟

制作步骤

1. 面饼的所有材料放入面包机，启动揉面程序，直到能拉出筋道的薄膜（扩展阶段）。

2. 调成发酵档发酵1小时左右，直到面团发到2倍大。

3. 排空空气，擀成长方形面皮，用烤盘在面皮上面按出印记。

4. 根据烤盘印记的大小，多预留出三四厘米的边缘后切去多余的部分，并在边缘撒上一层芝士。

5. 边缘多出的面皮依次折起，将芝士包裹住。

6. 烤盘内倒入橄榄油（可以适当多些，这样出来的饼底较脆），把面饼倒放入烤盘中，收口朝下，用滚针在面饼上轧出小孔（边缘包裹芝士的部分不要扎孔），放入预热180℃的烤箱烤制5分钟拿出。

7. 均匀地在饼皮上涂抹比萨酱。

8. 撒上一层芝士。

9. 撒上金枪鱼肉，撒一层马苏里拉芝士，撒一层香肠丁和冰虾仁，再撒一层马苏里拉芝士。

10. 最上面摆上切片的香肠和青豆。

11. 进预热210℃的烤箱烤制10分钟后拿出，将剩余的芝士撒到表面，入烤箱继续烤制10分钟至面饼边缘金黄上色拿出。

Tips

① 其实比萨不必拘泥于烤盘，圆的方的都可以，只是拿捏好面团的需求量即可。

② 配方中的水量一定注意，各家的面粉储藏条件（比如湿度）不同，可以根据方子逐渐添加，再根据干湿程度调节。

③ 各种原料一定要保证水分最少，一些含水量大的蔬菜可以先炒制一下再放上，例如金枪鱼肉一定要把水分挤干才好。

④ 食材码放原则是先荤后素，最上层码放完毕后先进烤箱，出炉前5～10分钟再撒上一层芝士。

⑤ 做好的面饼可以先烤制一下，便于最后的成形。

温氏秘诀 5

如何挑选面粉

目前市面上的面粉种类琳琅满目，品类繁多，但根据其用途归结起来不外乎三大类：低筋粉、中筋粉和高筋粉。根据面粉中蛋白质的含量不同（面粉外包装袋上都有成分表）而区分：

低筋粉：蛋白质含量在6.5%~8.5%之间，筋度很低，平时用来做饼干蛋糕居多；

中筋粉：蛋白质含量在8.5%~10.5%之间，筋度适当，平日里的各种包子、面条、馒头、饺子之类的，用得最为普遍；

高筋粉：蛋白质含量在10.5%~13.5%之间，筋度高，做大部分面包最为适合。

我平日里挑选面粉的几个步骤：

① 观察外包装袋上的成分表上的蛋白质含量，根据用途不同购买不同筋度的面粉。

② 观察外包装袋上的配料表，选择未添加漂白剂的面粉为佳。

③ 看外包装袋上的生产日期（必看），避免购买到过保质期的面粉。

④ 除非制作的面食有特殊的外形要求，不然在满足筋度的基础上尽量选择全麦粉，虽然色泽不如麦芯粉白皙，但胜在口感好，营养价值高。

⑤ 可以尝试目前流行的石磨面粉，低速研磨最大程度上保留了小麦的营养价值。

⑥ 最后一个就是品牌，基于以上几点的比较，当然大品牌相对来说更有保障一些，对于一些眼生的新品牌，如果满足你的要求，也未尝不可试。

温家私房菜

　　私房菜式，限一户之内，自当迎合家中老小口味，奉各色饭食点心于餐桌之上，得家人满足欢悦，易，或可一试；若要众人皆赞，名于世间，却是难事，非名厨大家而不能为。鄙人懒惰，为家人掌厨十数载，只为调和小家口味，已然殚精竭虑，深知众口难调之理，不敢称为大家私房。于此记录，一者备忘于纸间，聊补日渐衰退之记忆；二者抛砖引玉，寻志同道合之士，共励共勉。立于方寸之地，烹来心意之食，博得妻女之誉，我愿足矣，抑或可称为温家小私房。

吃货日志 13

"爸爸，拜拜，我们出去玩儿喽！"这个周末，依然是菲妈和岳母带着丫头到楼下玩耍，我则留在家中做饭。"爸爸，我中午要吃可乐鸡翅，记住了吗？"小丫头出门前，又不放心地扭头嘱咐了一遍，算来从昨天晚上开始，这已经是第5遍了。"知道了知道了，不会忘的，赶紧去玩儿吧。"我答道，边说着边把她往外推。"好吧，我就提醒一下嘛。"丫头说着，推着滑板车走出门外，突然停住，回头又问道，"爸爸，你买可乐了么？"我差点抓狂："别操心了你，回来肯定给你做好行不！""嗯。"小丫头这才满意地点点头，跟着菲妈她们下楼了。我终于松了口气，也不知道她从哪里知道的可乐鸡翅。不过可乐在我家属于明令禁止的饮料，看来只能用什么东西代替来做出类似的口味了。

到了中午，丫头满头大汗地回来，进门就喊道："爸爸，可乐鸡翅做好了没？""做好了，饭桌上的那个大盘子里！"我说着也从厨房走了出来。看到丫头扒着饭桌，盯着盘中摆着两种做法的鸡翅一脸的疑惑："爸爸，这是可乐鸡翅么？""这叫一翅双吃，怎么样，漂亮吧？"我得意地说。"我可以先尝一个么？"丫头咽着口水急切地问。"可以。"我用小碗给她夹了一个红焖鸡翅，丫头迫不及待地放到嘴里啃了起来，一边吃一边含糊不清地说："爸爸，这个是可乐鸡翅么？""你就说好不好吃吧。"我没有正面回答。"好吃好吃！"丫头连声说。不一会儿，一只鸡翅下肚，然后又可怜巴巴地看着我："爸爸，我能再吃一个么？"就这样，还没开饭，两三个鸡翅已经进了丫头的肚子，全然忘了问是不是可乐鸡翅这个问题。其实红焖这一半，

一翅两吃

"爸爸，我中午要吃可乐鸡翅，记住了吗？"

"知道了知道了，不会忘的，赶紧去玩儿吧。"

"爸爸，你买可乐了么？"

"别操心了你，回来肯定给你做好行不！"

也不知道她从哪里知道的可乐鸡翅。不过可乐在我家属于明令禁止的饮料，看来只能用什么东西代替来做出类似的口味了。

到了中午，丫头满头大汗地回来，进门就喊道：

"爸爸，可乐鸡翅做好了没？"

"做好了，饭桌上的那个大盘子里！"

还没开饭，两三个鸡翅已经进了丫头的肚子，全然忘了问是不是可乐鸡翅这个问题。

并不是什么可乐鸡翅，只是用了番茄酱来替代，成品酸甜适口，反而更胜可乐鸡翅的腻甜。而另一半避风塘式做法，由于采用了油炸的方式，有些不入丫头的眼，吃了半只就又转攻红焖那半。结果焦香酥脆的避风塘鸡翅倒是便宜了我，就着喝点儿小酒，吃起来也是无比享受。

制作材料

主料： 鸡翅16个，大葱半根，姜几片，八角一个，蒜一头半，面包屑适量

调料： 生抽，蚝油，料酒，黄冰糖，醋，香油，番茄酱，生粉，黑胡椒粉、花椒粉少许，盐少许

制作步骤

红焖鸡翅部分：

1. 鸡翅洗净，正面打花刀，用吸油纸吸去表面水分。

2. 锅中放油烧热，将鸡翅的花刀面朝下入锅。

3. 煎至鸡皮金黄后，反面再煎至金黄捞出。

4. 碗中加入蚝油、生抽、番茄酱、黄冰糖和少量醋以及少量白开水，调制成料汁。

5. 锅中留少许底油烧热，加入葱段，姜片和蒜瓣以及一个八角。

6. 炒出香味，加入料汁烧开。

7. 放入煎好的鸡翅烧制三五分钟，再加少量开水没过鸡翅为宜，转小火盖盖焖制30分钟。

8. 开盖大火收汁到浓稠，将鸡翅拣出装盘，料汁过筛去除葱姜，淋到鸡翅表面即可。

避风塘鸡翅部分：

9. 鸡翅洗净，用刀一切两半，加入少量蚝油、生抽、料酒、黑胡椒粉和少量香油抓匀腌制30分钟。

10. 腌制好的鸡翅用吸油纸吸干表面多余料汁，裹一层生粉备用。

11. 锅中稍微多放些油烧到七八成热，将裹有生粉的鸡翅逐个滑入，火调小，炸至表面金黄捞出。

12. 一头蒜切成蒜末，锅中留少许底油，不等烧热直接下入蒜末。

13. 小火煸炒至断生微黄立即捞出备用。

14. 蒜末中混入5倍于蒜末的面包屑，同时加入少许盐和花椒粉混匀。

15. 锅用油浸润，多余的油倒出，稍微加热便将面包屑倒入。

16. 同时加入炸好的鸡翅，快速翻炒至面包屑微微变黄盛出装盘。

Tips

① 入油锅炸制或煎制前务必将表面水分吸干，不然会溅油。

② 焖制鸡翅的料汁建议提前调好，避免手忙脚乱，其中番茄酱可以稍微多放些，借着酸甜口可以遮盖肉类的油腻，孩子很喜欢。

③ 焖制鸡翅时先煎制一下便于将鸡皮中的多余油脂析出，而且做出的焖鸡翅成色也更漂亮。

④ 红焖鸡翅中过滤汤汁主要是为了装盘漂亮，也可以连葱姜一起盛起来。

⑤ 避风塘鸡翅中炸制时也可以不裹生粉，只是口感的问题，裹生粉的酥脆，不裹生粉的糯香。

⑥ 对于炸鸡翅这一步其实也可以尝试烤制，这样可以进一步减少菜式中的含油量。

⑦ 避风塘菜系中炒制蒜末和面包屑时一定注意要快，拿捏好火候，不然炒过火的话容易发苦。

温氏秘诀6

如何制作可口的糖醋汁

　　做糖醋类食品，调制糖醋汁是个学问，而直接采用糖和醋的调配，极难达到理想的色泽和口感，不妨在调配糖醋汁的时候使用橙汁或者番茄酱，酸甜口感适度，制作也比较简单，再加入适量的盐或者生抽，做出的成品味道基本不会太差，如果需要进一步调配酸甜口感，用糖或者醋稍微调配一下即可。如果喜欢纯糖醋口感的糖醋汁，不妨用用以下的方子，按照料酒：生抽（酱油）：白糖：陈醋：水的比例为 1:2:3:4:5 来操作，味道也可以。

吃货日志 14

　　我家丫头的美食排行榜中，有一道罕见的肉食位列其中，且排名居高不下，大有与胡萝卜丝儿饼并驾齐驱的势头。其实丫头并不喜肉食，最初除了鱼肉以外，其余的肉类一概不喜，与我这无肉不欢的老爸截然相反。我一边慨叹着优良肉食基因从此后继无人，一边又要为了让她尽量多食用一些肉食以便营养均衡而绞尽脑汁。这道蒜香煎鸡排就是我数日以来不断努力尝试的结果。

　　当我第一次把做好的鸡排切成小条端上饭桌，丫头不出意料地撇着嘴，有些嫌弃地说："爸爸，这是什么？是肉吧。"我说："先别管是啥，先尝尝。来，再给你点儿番茄酱，可以蘸着吃哦！"丫头立马喜笑颜开，因为番茄酱是丫头的最爱。她拿起一小条，蘸了番茄酱后咬了一小口，细嚼起来。"怎么样丫头，好吃不？"我忐忑而又期待地看着她。只见她眉毛一挑，并未马上答话，而是忙不迭地把小手中剩下的半条鸡排放入嘴里，细嚼慢咽瞬间改为狼吞虎咽，边嚼边含糊不清地说道："爸爸，好吃，真好吃！脆脆的，香香的！"小丫头沉睡的肉食基因仿佛瞬间觉醒，一大盘鸡排被她很快一扫而光，吃完还不住地嘬着嘴巴，意犹未尽。之后每逢家中轮到我掌厨做饭，她都会可怜兮兮地央求着我做小鸡排给她吃，并在我身边又蹭又抱又亲地示好，伴着一脸的馋样。

蒜香煎鸡排

丫头并不喜肉食，最初除了鱼肉以外，其余的肉类一概不喜。这道蒜香煎鸡排就是我数日以来不断努力尝试的结果。

"爸爸，这是什么？是肉吧。"丫头不出意料地撇着嘴，有些嫌弃。

"先别管是啥，先尝尝。来，再给你点儿番茄酱，可以蘸着吃哦！"

……

"怎么样丫头，好吃不？"

"爸爸，好吃，真好吃！脆脆的，香香的！"

小丫头沉睡的肉食基因仿佛瞬间觉醒，一大盘鸡排被她很快一扫而光，吃完还不住地喔着嘴巴，意犹未尽。

制作材料

主料：鸡腿两只

辅料：蒜末（三瓣蒜），蛋清一个，面包屑，生粉适量

调料：黑胡椒粉，盐，细砂糖，番茄酱

制作步骤

1. 鸡琵琶腿洗净，用刀切断根部肉和筋，将鸡腿内侧（鸡皮比较短的一端）划开至露骨。

2. 用手捏住鸡骨，将肉向两边撕开，并逐渐往上剥离。

3. 切断筋骨相连的部位，取下鸡腿肉，鸡皮向下摊开。

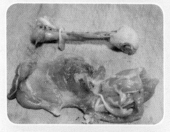

4. 用刀背横竖交替拍打鸡肉至其平整，将鸡肉纤维打散。

5. 均匀撒上适量盐、糖和少量黑胡椒粉，并用手按揉均匀（注意不用拿起鸡肉，直接鸡皮向下揉搓至盐糖均匀融化即可）。

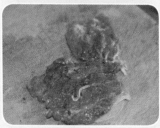
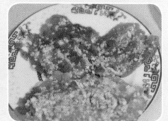

6. 大蒜拍碎剁成蒜末，将其均匀撒在鸡肉表面，并适度揉搓，腌制 10 到 15 分钟。

7. 取蛋清适量，将腌好的鸡排放入蛋清蘸匀后放入生粉盘中，将表面包裹一层生粉。

8. 再将包裹生粉的鸡排放入蛋清蘸匀拿出，放入面包屑的盘中，直到表面均匀地包裹上面包屑。

9. 锅中放适量油烧至五六成热，放入鸡排，鸡皮那面朝上，调小火慢慢煎至表面金黄。

10. 翻面使鸡皮一面朝下继续煎至金黄出锅。

Tips

① 选用鸡腿肉会让鸡排的口感更嫩滑多汁，鸡胸肉也可。

② 不喜欢蒜味的可省略蒜末。

③ 一定要先煎鸡肉的一面，如果先煎鸡皮一面，会使整个鸡排翘起，不便于煎制另外一面。

④ 为了确保鸡排的完全成熟，一定要小火慢煎，不然会导致表面焦糊而里面还未成熟。

⑤ 鸡排出锅后可以先放在吸油纸上面去除多余的油，或者尝试不用油，改用烤箱烤制。

吃货日志 15

　　无肉不欢的我，借着周末的时间，特意从菜场买了一只柴鸡炖来解馋，筋道浓香的味道让我大呼过瘾。只是丫头在和一块鸡肉撕咬半天后终于败下阵来，皱着眉头撅着嘴说道："爸爸，这么硬怎么吃啊！只能和汤吃了。"我脸一红，光顾考虑自己，却忘了丫头的小牙口很难嚼烂筋道的鸡肉，于是忙说道："没关系，下次爸爸给你做个口水鸡，保证软软香香的让你吃个够！""口水鸡？"丫头一脸的惊奇，"用口水做的吗？好脏啊！哪有那么多口水？"我一口饭差点喷了出来。"不是用口水做的鸡，是让你馋得流口水的鸡！做出来保证让你边流着口水边吃。"我解释道。"好啊好啊，爸爸，那你明天就给我做呗！"说着标志性地嘴巴一吸溜，一脸的期待。

　　于是，这款滑嫩口水鸡第二天就摆上了家中的餐桌，材料选择用三黄鸡，其软嫩易烂的口感颇适合孩子的口味。煮制时间虽短，但最大限度地保留了鸡肉的鲜嫩，肉质嫩滑不柴。给丫头直接蘸食佐餐酱油，我们大人配上无敌的麻辣料汁，皆大欢喜，每个人都是吃得津津有味，欲罢不能。

滑嫩口水鸡

"口水鸡？用口水做的吗？好脏啊！哪有那么多口水？"我一口饭差点喷了出来。

"不是用口水做的鸡，是让你馋得流口水的鸡！做出来保证让你边流着口水边吃。""好啊好啊，爸爸，那你明天就给我做呗！"

制作材料

（3 到 4 人份）

主料： 三黄鸡半只

辅料： 香葱，姜，蒜，油酥花生，芝麻，香菜，花椒，干辣椒，凉开水

调料： 生抽，香醋，白砂糖，芝麻油

特殊材料： 冰块，大量凉白开水

制作步骤

1. 三黄鸡洗净，放入汤锅中，加入足量的凉水至没过鸡身，水烧开直至鸡肉中血沫浮起，撇净血沫后，马上捞出置于盆中。

2. 用大量的凉水反复冲洗鸡身，直至凉透（主要目的是使煮过的鸡肉紧缩，使肉汁锁在肉内，不至流失）。

3. 将原来的水倒掉，重新放入同样多的凉水并烧开，然后放入葱段和姜片，再将凉透的鸡重新放入汤锅中（注意水一定要完全没过鸡肉），大火煮开后5分钟，然后关火，不揭盖焖

15分钟后捞出，放入装满冰块的凉白开中。

4. 花生米用油炒熟并去掉外皮碾碎，白芝麻炒熟碾碎，和花生碎混合备用。

5. 花椒和干辣椒用料理机打碎过筛筛出细粉备用。

6. 锅烧热，倒入适量的芝麻油和无味植物油混合，放入葱段，直至葱段榨干变黄捞出。

7. 烧热的葱油直接倒入盛有花椒面和辣椒面的碗中，并用筷子快速搅拌均匀。

8. 碗中放入适量的生抽、香醋、白砂糖和少量凉白开水调匀（防止调料汁过咸），再放入准备好的香菜末、蒜末、花生碎和熟芝麻以及麻辣葱油，用筷子搅拌均匀，麻辣蘸汁准备完毕。

9. 将完全冷却的鸡肉从水盆中拿出控干水分，剁成小块装盘，搭配麻辣料汁，完成。

Tips

① 制作适合孩子的料汁，务必省略麻辣步骤，简单的沾食蘸油即可。

② 注意冰镇用的水和冰块一定要是开水晾凉后制作的，千万不要用自来水。

③ 要想做出口感滑嫩的鸡肉，两步的凉水冰镇是不能少的，另外煮制的时间也是不能太长。

④ 由于三黄鸡的鸡肉嫩，所以最后关火焖制就可以使鸡肉完全熟透了。当然如果是整只的话可以适当延长焖制时间至20到30分钟。

⑤ 制作麻辣油时，烧开的葱油要关火静置1分钟再倒入麻辣面中，不然容易糊，影响味道和口感。

⑥ 白芝麻尽量用擀面杖碾一下，这样有利于香味融合到蘸汁中。

吃货日志 16

陪丫头一起看自然大百科的书时，讲到各类菌菇的章节，我告诉她书上说颜色鲜艳而且有斑点的漂亮蘑菇大半是有毒的，没有毒的蘑菇颜色没有那么漂亮。丫头对此牢记于心，之后只要出去玩，看到树底下或是草丛中的各种蘑菇，她都会兴奋地指着，根据我告诉她的经验判断是不是有毒，或者是反过来问我："爸爸，这个有毒吗？那个有毒吗？"大半的时候，我只能呵呵哈哈地承认不知，只是告诫她这些野外的蘑菇在不确认的情况下，千万不能随便采摘触碰。一次带着丫头到菜场买菜，她看到卖蘑菇的摊位上摆着各式各样的蘑菇，又开始来了兴致，指着颜色鲜艳的虫草菇说："爸爸，这个也是蘑菇么？颜色这么漂亮，我觉得它有毒啊，怎么还在这里卖呢？"没等我说话，又指着小平菇说，"这个肯定没毒，灰突突的一点也不好看，是么，爸爸？"我忙说："丫头，这些卖的蘑菇都是没有毒的，虽然有些颜色漂亮，但不一定颜色漂亮的都有毒。"说着又指给她看一团团的奶白干净的蘑菇说："你看这个蘑菇漂亮吗？""漂亮漂亮，好白啊！"丫头小手轻轻地摸着蘑菇的伞盖说道："爸爸，它也没有毒么？""没有。"我说道，"这种蘑菇叫白玉菇，好吃得很。"一听到好吃，丫头的兴致瞬间被调动起来，忙拉着我的手说道："爸爸，咱们中午做这种蘑菇吃吧！"于是这道白玉菇烧豆腐就在馋嘴丫头的要求下上了家中的餐桌。

白玉菇烧豆腐

"爸爸，这个也是蘑菇么？颜色这么漂亮，我觉得它有毒啊，怎么还在这里卖呢？"没等我说话，又指着小平菇说，"这个肯定没毒，灰突突的一点也不好看，是么，爸爸？"我忙说："丫头，这些卖的蘑菇都是没有毒的，虽然有些颜色漂亮，但不一定颜色漂亮的都有毒。"说着又指给她看一团团的奶白干净的蘑菇说："你看这个蘑菇漂亮吗？""漂亮漂亮，好白啊！"丫头小手轻轻地摸着蘑菇的伞盖说道："爸爸，它也没有毒么？""没有。"我说道，"这种蘑菇叫白玉菇，好吃得很。"一听到好吃，丫头的兴致瞬间被调动起来，忙拉着我的手说道："爸爸，咱们中午做这种蘑菇吃吧！"于是这道白玉菇烧豆腐就在馋嘴丫头的要求下上了家中的餐桌。

制作材料

主料： 白玉菇半斤，豆腐一块，香菜少许，大葱

调料： 盐，糖，湿淀粉，高汤或开水

制作步骤

1. 白玉菇去根清洗干净，放入开水中略焯，捞出备用。

2. 豆腐切块，锅中少许油烧热，放入豆腐。

3. 表面撒上一层盐，小火将豆腐一面煎黄后，翻面煎制撒盐的一面，直到两面金黄捞出备用。

4. 锅中留少许底油，大葱切滚刀块放入煸炒出香味，放入白玉菇翻炒片刻。

5. 放入煎好的豆腐，加入适量的盐糖继续翻炒。

6. 加入高汤或开水没过豆腐，转小火烧制10到15分钟，调入水淀粉，加香菜收汁出锅。

① 加入香菜的作用主要是增色提香，如果孩子不喜的话可以换成小香葱，或者不放。

② 煎豆腐时一面撒盐的目的是在煎制过程中让豆腐初步入味。

③ 豆腐类的菜肴还在一个"焖"字，事先煎一下使其蜂窝孔张开，再加入汤汁一焖一收，绝对美味。

温氏秘诀7

如何制作豆腐更加入味

制作豆腐的时候，如果烹制时间短，很难进入味道，有几个方法可以让豆腐快速入味。

① 在煎制豆腐的时候在豆腐表面撒上一些盐，这样煎制的时候可以让咸味快速渗入豆腐。

② 煎制豆腐的时候一定要煎透，这样在加少量水焖制的时候容易在内部产生吸水蜂窝，容易让汤汁的味道渗入。

③ 制作豆腐时，加入少量水时一定盖盖焖上10分钟，起锅前加入相应蔬菜，再将汤汁收一下（可用少量湿淀粉调成薄芡附着在豆腐表面即可）。

吃货日志 17

　　焖子，作为家乡的特色菜肴，为本地人所熟知。但由于其制作复杂，步骤繁多，所以基本只在年夜饭的餐桌上才能见到。直到现在，回忆起儿时家中过年的情景，首先映入脑海的就是母亲在厨房中忙着制作焖子时热火朝天的场景，混合着肉香与油香的味道，吸引着儿时的我围在母亲的身边，流着口水等着讨上一口刚出锅的焖子。

　　如今成家有女，但凡要留在北京过年，我所操持的年夜饭中必然会有焖子这道菜。每当焖子入锅蒸制散发出阵阵香气，丫头都会一趟趟地奔向厨房，一遍遍地缠着我问到底好了没有，一副猴急的模样。等待焖子出锅，我也必会像当年母亲对我一样，先切下一小块放在碗中，递给早已急不可耐地围着我转圈的馋嘴丫头。看她陶醉地吸溜着鼻子闻着，一边吹气一边急着往嘴里塞的满足模样，我会心一笑，两眼微湿。此时此刻，焖子对我来说，已远远超过其作为食物本身的意义，更多的是一种坚持与象征，一种心意与态度的延续和传承。待她长大成人，是否还会记得如今的一幕，是否也会如我这般继续为她的儿女和家人传递这一份心意？

肉汤焖子

回忆起儿时家中过年的情景，首先映入脑海的就是母亲在厨房中忙着制作焖子时热火朝天的场景。如今成家有女，但凡要留在北京过年，我所操持的年夜饭中必然会有焖子这道菜。

每当焖子入锅蒸制散发出阵阵香气，丫头都会一遍遍地缠着我问到底好了没有，一副猴急的模样。等待焖子出锅，我也必会像当年母亲对我一样，先切下一小块放在碗中，递给早已急不可耐地围着我转圈的馋嘴丫头。

此时此刻，焖子对我来说，已远远超过其作为食物本身的意义，更多的是一种坚持与象征，一种心意与态度的延续和传承。

制作材料

主料：红薯淀粉 300g（成块的那种），猪肉 100g，猪棒骨一大根（或者鸡架一副也可）

辅料：葱，姜，香菇两朵，鸡蛋一个

调料：生抽 50ml，老抽 50ml，白砂糖，十三香，香油适量

特殊工具：宽口的浅不锈钢盘

制作步骤

1. 将猪棒骨（或鸡架）洗净放入汤锅，加入清水（需要长时间炖煮，可以适量多些），大火煮开，撇去浮沫，然后转为小火炖煮 3—4 个小时，直至肉汤发白；

2. 将猪肉切成小丁，葱姜和香菇剁成碎末，放在一起备用。

3. 老抽生抽混合，加入白砂糖化开做成料汁。在切好的肉丁和葱姜中放入适量的十三香和香油，再放入 1/4 左右的料汁，朝一个方向搅拌，腌制 20 分钟左右。

 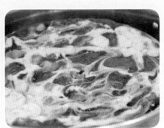

4. 腌好的肉馅中放入呈块状的红薯淀粉。

5. 混合淀粉和肉馅，分次加入剩余的料汁，边放边用手将淀粉和肉馅混合均匀，并将淀粉中的疙瘩捏碎，直至料汁全部倒入并且无淀粉疙瘩。

6. 在淀粉肉馅中一次性倒入滚开的肉汤 400ml 左右，并迅速用筷子搅拌，直至混合均匀且表面透亮。

7. 不锈钢盘内部抹上一层油，将调好的淀粉糊倒入钢盘中，放入烧开水的蒸锅里。将鸡蛋打散横竖交叉倒在淀粉糊表面，并用筷子跟着鸡蛋液的纹路划道，使蛋液能够进入淀粉糊的内部，便于成熟后产生漂亮的花纹。

8. 盖上盖子，大火蒸制 35 分钟后关火，5 分钟后开盖端出晾凉后脱模。做好的焖子可以趁热吃，也可放入冰箱冷藏，想吃的时候可切成薄片或煎或蒸或炖，都是美味无比。

Tips

① 煮肉汤这一步相当关键，如果时间充裕建议小火慢慢炖煮，来不及的话也可以用高压锅。

② 红薯粉与肉丁混合时一定注意将疙瘩都捏碎，不要有大块的淀粉块。

③ 肉汤的量很重要，过多或过少会直接影响成品的品质。

④ 浇入肉汤时注意一定要一次性全部倒入，然后快速搅拌，不然冲不开的话会造成焖子有硬芯。

⑤ 检验焖子成熟与否，可用筷子插到焖子底部挑出，如果无白色硬芯，则证明成熟。

吃货日志 18

对于食物中不喜欢的味道，丫头都是用一个字来形容，臭。牛羊肉的膻味，她说臭；香菇浓烈的特殊味道，她说臭；豆制品的豆腥味，她说臭。词语表述的贫乏让我禁不住怀疑，丫头将来的语文可怎么办？例如上次岳母做的象牙白萝卜排骨汤，小丫头尝了一口，便皱着眉头说："外婆，这怎么这么臭啊！"我心知肚明，她所谓的臭肯定是萝卜的味道。于是，我和丫头说："爸爸能把萝卜的臭味去掉，信不信？"小丫头一歪头说："真的？我不信。"我说："那周末爸爸做道菜，你看看有没有臭味儿。"于是，这款肉汁萝卜便上了周末的餐桌。果然，小丫头一边津津有味地吃着，一边说道："爸爸，这个是萝卜吗？真的不臭啊，好吃好吃！"看来她并非不喜欢吃萝卜，只是过于浓重的萝卜味道让她难以接受罢了。而这道菜很好地去除了味道，又透着浓浓的香甜肉香，孩了接受起来就容易很多。

肉汁萝卜

对于食物中不喜欢的味道，丫头都是用一个字来形容，臭。

上次岳母做的象牙白萝卜排骨汤，小丫头尝了一口，便皱着眉头说：

"外婆，这怎么这么臭啊！"

"爸爸能把萝卜的臭味去掉，信不信？"我和丫头说。

"真的？我不信。"

"那周末爸爸做道菜，你看看有没有臭味儿。"

于是，这款肉汁萝卜便上了周末的餐桌。果然，小丫头一边津津有味地吃着，一边说道：

"爸爸，这个是萝卜吗？真的不臭啊，好吃好吃！"

制作材料

主料：象牙白萝卜半根，五花肉 200g

辅料：香葱一把，姜几片，大料一整个

调料：黄酒一大勺（家中盛饭的钢勺），生抽两小勺（根据个人口味增减），

　　　蚝油一小勺，花椒 10 多粒

制作步骤

1. 五花肉切厚片备用，锅中放少量油，放入姜片和大料煸香。

2. 加入五花肉煸炒至微黄，加入香葱继续煸炒出香味，至香葱变软。

3. 依次烹入料酒，翻炒几下加入生抽、蚝油和冰糖，翻炒片刻至上色。

4. 加入适量开水，没过五花肉即可，调小火炖 20 分钟。

5. 象牙白萝卜削皮，切成滚刀块。

6. 锅中水烧开，加入花椒和切好的萝卜，调小火煮 10 多分钟至半透明状。

7. 将煮好的萝卜放入炖煮好的五花肉中，继续盖盖小火炖煮40分钟（期间尽量少翻动萝卜，不然萝卜很难保持原有的形状）。

8. 最后大火收汁盛出装盘（之前也可将大料香葱挑出，以便菜式美观），并撒上香葱碎。

Tips

① 用花椒开水小火焯萝卜，主要是去萝卜的味道，另外小火焯至透明也是让其在炖煮时更加漂亮入味。

② 火候绝对是关键，一定要全程小火，这样才能保证肉汁充分进入到萝卜当中，并保持早已软烂的萝卜漂亮的外形。

③ 萝卜放入之后不要过分翻动，也是为了保证软烂的萝卜不失外形。

④ 如果炖煮的时候用大骨汤添入的话，味道应该会更加浓郁美味。

⑤ 酱油和蚝油都不要放太多，不然最后菜式色泽发深影响美观。

吃货日志 19

　　我的家乡离海不远，算是一个沿海的小村庄。儿时的记忆中，每到不同时节，都着鱼贩子们走村串巷，吆喝着买卖，带鱼、穿钉鱼、皮皮虾、八爪鱼等各色海产都会成为小贩们兜售的产品。村人乐得足不出户享受便利，常常三五成群地围着小贩中气十足地讨价还价、挑挑拣拣；而小贩们也是自如轻松地应付着一张张利嘴，最后嘟嘟囔囔地看似以割肉价卖出，其实是落得皆大欢喜。

　　这样的场景，背井离乡在外漂泊后很难遇见，但依然清晰地存于我的脑海中，每次想起来都会倍感亲切。而母亲所烹制的一应美食，几乎所有的食材都是出自自家的土地以及这些走村串巷的小贩们的手中。其中八爪鱼烧肉这道菜式，也是因为其鲜美醇香的味道，一直备受我的钟爱，乃至成家后也会经常烧来给家人品尝。只是和丫头解释八爪鱼这种生物的时候颇费口舌，最后我干脆和她说八爪鱼就是海底小纵队里的"章教授"。害得丫头每次看到我做这道菜时，都会因为我又一次炖煮了"章教授"而伤心不已。

八爪鱼烧肉

　　母亲所烹制的一应美食，几乎所有的食材都是出自自家的土地以及这些走村串巷的小贩们的手中。其中八爪鱼烧肉这道菜式，也是因为其鲜美醇香的味道，一直备受我的钟爱，乃至成家后也会经常烧来给家人品尝。只是和丫头解释八爪鱼这种生物的时候颇费口舌，最后我干脆和她说八爪鱼就是海底小纵队里的"章教授"。害得丫头每次看到我做这道菜时，都会因为我又一次炖煮了"章教授"而伤心不已。

制作材料

主料： 五花肉 1 斤，八爪鱼半斤

辅料： 葱、姜、蒜各适量

调料： 黄酒，生抽，老抽，冰糖，醋

制作步骤

1. 新鲜八爪鱼洗净，在触须中间的位置用两手挤压出牙齿并扔掉。

2. 用剪刀剖开八爪鱼头部，去除所有的内脏包括墨囊（也可不去除墨囊，会让味道更加鲜美，但会影响成品的色泽）。

3. 将处理好的八爪鱼切成小段备用。

4. 五花肉切块，锅中加少许油煸炒至表面变色。

5. 加入葱姜蒜继续煸炒出香味。

6. 加入处理好的八爪鱼继续煸炒出汤。

7. 加入黄酒煸炒片刻，依次加入生抽、老抽、冰糖、醋，炒至肉面上色。

8. 加入开水没过肉面，小火炖煮 1 个小时左右，大火收汁至黏稠，出锅。

Tips

① 八爪鱼处理简单，但吸盘处需要仔细清洗，有时会有砂砾。

② 喜欢五花肉皮软糯些的可以将肉皮煎至金黄再切块。

③ 五花肉一定要煸至金黄，这样炖出的肉不至松散油腻，口感更好。

2014.07.05

温氏秘诀 8

如何炖出不油腻的五花肉

　　北方制作炖肉或者红烧肉的时候选用五花肉是比较普遍的，但由于五花肉中含有大量的油脂，如果炖制方法不得当，会让成品口感油腻，让人吃了几块便吃不下去了。如何让炖制的五花肉咸鲜适口，肥而不腻呢？这里分享在制作过程中需要注意的几点：

　　❶ 购买的整块五花肉不要先切成小块，洗干净后吸干表面水分，肉皮朝下放入锅中煎制（锅中放少许油即可），直到肉皮金黄捞出，此时肉皮酥脆，炖制后肉皮酥松弹糯，色泽红亮，完全没有普通肉皮的紧实油腻，口感味道都是绝佳。

　　❷ 将煎制后的五花肉切成小方块，锅中不放油，将五花肉煸炒出油，表面金黄略微收缩捞出，将析出的猪油倒出，这样就让五花肉中的油脂析出大半，有利于炖制后的成品不至于过于油腻。

　　❸ 采用大量的葱、姜、蒜（蒜不须切碎，整瓣即可）去除油腻和肉腥味，锅中少许油，将葱、姜、蒜煸炒出香味后再加入煸好的五花肉块炒制，进一步去腥去腻增香。

　　❹ 炒制过程中除加入盐、生抽等调料，最好再加入些许醋，也能让肉质软烂且去除油腻之感。

　　❺ 加水炖制的时候，如果喜欢香料的味道可以加入香料，同时调成小火，盖盖慢炖一个小时以上，在微火的焖制下让肉中的油脂进一步析出，成熟软烂后再调大火进一步收汁即可。

吃货日志 20

　　北方人的豪爽，体现在饮食上，便是大盘儿大碗儿大菜量，味道上也是偏于厚重。儿时的记忆也是如此，村中红白喜事，席面儿的饭菜都是冒着尖儿的，浓油赤酱，混着腾腾热气端上桌来，十来人围坐一桌，让人打心眼里感觉着温暖与满足。其中记忆颇深的有一道菜，采用一整块五花肉制成，制作方法不得而知，只记得这道菜大多是在大柴锅中前晚放入蒸制，直到第二天中午才作为压轴菜式端上席面，极受欢迎，上来不一会儿准会一抢而空，那色泽那香气和那味道至今让人回味无穷。

　　长大后离家往杭州求学时，初识东坡肉，见图片，便觉熟悉无比，瞬间想起家乡的那道菜，同样的红润油亮色泽诱人。上来后才发觉只有可怜的一盅，远不如家乡的那道菜来得霸气，很是失望。无奈之余夹起一块品尝，软糯甜咸的口感瞬间俘获味蕾，之后一发不可收，乃至将最后一点汤汁都扫光，颇有儿时记忆中的味道，只是东坡肉偏甜，而家乡的菜式还是以咸香为主。工作后，喜爱美食的我依然对此念念不忘，网上搜罗资料很久，结合东坡肉以及记忆中那道家乡菜的做法，完成此菜，暂时命名软焖肉。之后的时间里也做过几次，颇受家人以及朋友的欢迎。

　　丫头降生之后，她对肉食多数不喜，在我费神考虑如何将肉食做得入她的法眼，让她均衡地摄入各种营养时，这道菜瞬时闪入脑间。这道菜虽然材料选择五花，肥厚油腻，但其整个烹饪过程中通过各种处理，让单纯五花肉的口感和味道升华到极致。比如使用大量的花雕、葱姜去除了肉的腥味；无多余香料的介入也让汤汁更为纯正；长时间的炖煮和蒸制不仅让肉质更加软烂，入口即化，也将五花中多余的油脂去除大半，吃起来毫无油腻的感觉。制作完成后，果然连我家丫头这样不太喜爱肉食的孩子，每次也能吃掉小半块，连呼好吃。

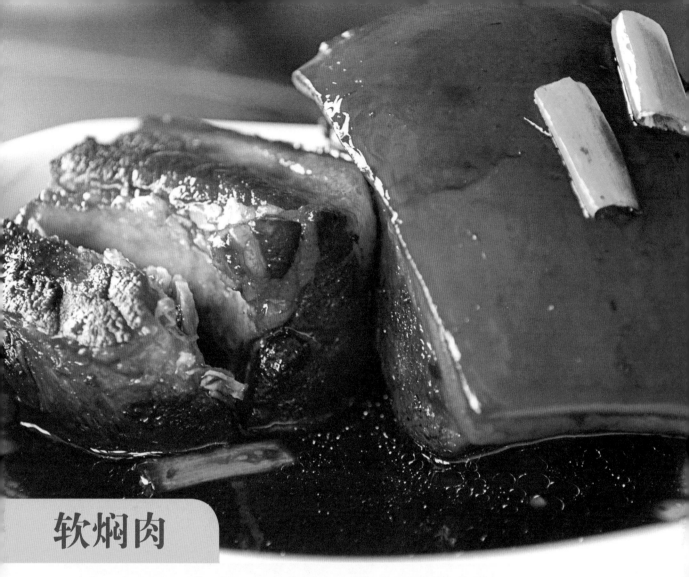

软焖肉

  其中记忆颇深的有一道菜，采用一整块五花肉制成，制作方法不得而知，只记得这道菜大多是在大柴锅中前晚放入蒸制，直到第二天中午才作为压轴菜式端上席面，极受欢迎，上来不一会儿准会一抢而空，那色泽那香气和那味道至今让人回味无穷。

  丫头降生之后，她对肉食多数不喜，在我费神考虑如何将肉食做得入她的法眼，让她均衡地摄入各种营养时，这道菜瞬时闪入脑间。

制作材料

主料： 五花肉 1 斤，花雕酒 500ml

辅料： 香葱一把，姜一大块

调料： 生抽，老抽，冰糖各适量

制作步骤

1. 猪五花切成大小一致的大四方块，冷水下锅煮至水开。

2. 撇去浮沫至汤清亮，关火捞出五花肉块备用。

3. 香葱洗净姜切片，垫在高压锅底部。

4. 过水焯好的五花肉皮朝下放在葱姜上面。

5. 加入花雕酒以及适量水，以刚没过肉为宜，再加入适量老抽、生抽与冰糖（冰糖适当多些），盖盖大火至放汽，调中火 25 分钟关火。

6. 敞开盖子，继续小火炖煮并翻转肉块，将肉汁不断地淋上去，直至肉汁粘稠关火，将肉拣出，肉皮朝上放入深碗中，并将剩余汤汁淋入。

7. 盖上盘子或蒙上锡箔纸，入高压锅继续隔水蒸制。

8. 大火至放汽后，调中火蒸制30分钟关火拿出，撒香葱碎，完成。

Tips

① 想要做好这道软焖肉，选料很重要，不要过多的瘦肉，五花三层最好。

② 最好选用花雕酒或者黄酒，不要用料酒，这点至关重要。

③ 调料不需复杂，葱姜即可，但量要足，不然味道出不来。

④ 喜欢甜口的就让糖的分量大些，喜欢咸口的就让酱油的分量大些。

吃货日志 21

西红柿和牛腩，对于这两种食材，我家丫头一个是相当喜欢，一个是相当讨厌，真真的两个极端。喜欢的是西红柿，恨不得天天吃也不觉得烦腻，记得父亲过来接送丫头上下学的一段时期，家中的晚餐必然有西红柿炒鸡蛋，父亲的理由是我家丫头喜欢；讨厌的是牛腩，不容易嚼烂还一股子腥味，拿丫头的话说，"这肉怎么吃啊，这么臭"，临了还不忘小手扇着鼻子，一脸的不喜。

如果两种食材混合在一起做会引起丫头什么样的反应？一次，我抱着这个"邪恶"的想法做了这道软烩牛腩，没想到丫头居然喜欢得很，不仅汤汁和饭吃得津津有味，还连带吃了几块筋头巴脑的牛腩。当我告诉她里面有牛肉时，小丫头一脸的惊讶："真的吗？怎么一点也不臭啊，还很嫩，真好吃啊！"边说边又往嘴里塞了一块。看来，丫头对牛肉所不喜的只是味道和口感。这款菜式通过西红柿和牛腩搭配，不仅可以借助西红柿的酸味消除油腻的口感和特殊的腥味，更能让牛腩更加软烂适口。汤汁也是浓郁鲜爽，丝毫没有肉汤的油腻感觉。

软烩牛腩

　　西红柿和牛腩，对于这两种食材，我家丫头一个是相当喜欢，一个是相当讨厌，真真的两个极端。

　　如果两种食材混合在一起做会引起丫头什么样的反应？一次，我抱着这个"邪恶"的想法做了这道软烩牛腩。

　　没想到丫头居然喜欢得很。

　　"怎么一点也不臭啊，还很嫩，真好吃啊！"边说边又往嘴里塞了一块。

制作材料

主料： 牛腩 1 斤，西红柿 3 个（大约 1 斤）

辅料： 大葱半根，姜几片

调料： 生抽少量（调味），盐、糖、料酒、白胡椒粉各适量

制作步骤

1. 牛腩切块，凉水下锅加入料酒，大火烧开后撇去浮沫，再煮 5 分钟捞出，肉汤沥出杂质备用。

2. 西红柿顶部打十字刀，放入沸水中余烫一分钟。

3. 捞出用凉水冲一下，剥去外皮。

4. 将扒去外皮的西红柿去蒂切成小块。

5. 锅中少许油烧热，放入姜片煸炒片刻后再加入葱段煸香。

6. 放入西红柿煸炒至汤汁析出。

7. 加入焯好的牛腩继续翻炒。

8. 当西红柿完全化开，无大块果肉后调小火焖制 10 分钟。

 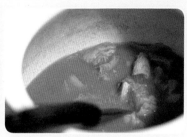

9. 倒入砂锅中，加入事先留好的牛肉汤。

10. 小火炖制一个小时，然后开盖调入少量生抽和适量盐和糖，以及白胡椒粉，盖盖继续炖制半个小时出锅。

Tips

① 添汤前用西红柿汁焖制牛肉 5 到 10 分钟，借助其中的酸性物质软化牛肉中的纤维。

② 炖制一个小时之后再调入盐和生抽，防止过早加入盐让牛腩紧缩过老过柴，而且不易软烂。

③ 不必加入过多香料和调料，不然会影响牛肉与西红柿的天然口感，只需加入少量生抽调味，白糖调鲜中和酸味，以及适量盐即可。

④ 凉水加料酒焯牛腩，能最大限度地去掉牛肉的血沫与腥味。

温氏秘诀 9

如何让炖牛肉更加软烂入味

牛肉纤维粗大，炖制过程中不容易软烂，采用下面几个小窍门可以加速牛肉软烂且入味：

① 炖制过程中加入酸味材料但不要多，比如西红柿（如果做酸汤可以多放）或者山楂，能够加速牛肉成熟且肉质软烂。

② 如果涉及到炒制后再加水炖制的方法，注意一定不要先放盐（做红烧或者酱牛肉除外），不然会让牛肉快速收紧，味道极难进入且不容易软烂。

③ 炒制后加水一定要加入热水，直接加入冷水的话也会让牛肉快速收缩，不易进入味道。

④ 炖制到牛肉软烂成熟的时候（一般一个半小时左右），再加入盐等调味，这时牛肉纤维结构已经松散，加盐也不会让牛肉收缩，更容易入味，之后再炖煮半个小时即可。

吃货日志 22

　　"爸爸，我回来了！"在外面疯玩半天的丫头满头大汗地回到家中。"那洗洗手准备吃饭。"我边在厨房忙活着边喊道。小丫头并没有马上去洗手，而是跑到厨房里，叽叽喳喳地围着我诉说早上在小区广场上和小朋友玩儿的场景。之后一边擦着汗一边说："爸爸，好热啊，弄得我都不想吃东西了。"的确，7月份的天气炎热无比，在厨房里做饭都一身汗，更不消说丫头在外面跑了半晌。"好吧，那咱今天增加一道开胃的凉菜，咋样？"我说道。"爸爸，开胃是啥意思？是把胃打开吗？"丫头不解地问道。"当然不是了。"我哭笑不得地解释道，"开胃的意思就是让你的胃口变好，能吃得下饭。""好啊好啊！"丫头手舞足蹈地说道，"爸爸，那我等着你的凉菜开胃咯！"我吩咐她道："你先帮爸爸拿两根黄瓜，再剥几瓣蒜。""好的。"丫头蹦跳着从冰箱拿来两根黄瓜，接着又拿了两瓣蒜蹲在地上细细剥了起来。我则开始用红薯粉制作凉皮。就这样，我们爷儿俩分工合作，不大一会儿，一份爽口的红薯凉皮就上了餐桌。清爽的凉皮和黄瓜丝，与简单调制的芝麻酱拌在一起，加些炒熟的蒜蓉（为了配合孩子的口味将蒜炒熟）调配味道，立马让小丫头胃口大开，很快就扒拉了小半碗，丫头边吃还边喊："爸爸，我开胃啦！我开胃啦！"

红薯凉皮

"爸爸，好热啊，弄得我都不想吃东西了。"

"好吧，那咱今天增加一道开胃的凉菜，咋样？"

"爸爸，开胃是啥意思？是把胃打开吗？"

"当然不是了。开胃的意思就是让你的胃口变好，能吃得下饭。"我哭笑不得地解释道。

我们爷儿俩分工合作，不大一会儿，一份爽口的红薯凉皮就上了餐桌。

小丫头胃口大开，很快就扒拉了小半碗，边吃还边喊："爸爸，我开胃啦，我开胃啦！"

制作材料

主料： 红薯淀粉（成块状的为宜）150g，凉白开 250ml，黄瓜 1 根

辅料： 大蒜半头，芝麻酱 2 勺

调料： 盐，蚝油，白砂糖，醋

特殊工具： 平底浅口钢盘

制作步骤

1. 块状红薯淀粉与水混合均匀调开备用。

2. 平底钢盘洗净，内表面抹油，锅中水烧开，将平底钢盘放入浮在水面，加热片刻，将一勺混合均匀的粉浆倒入。

3. 不断晃动钢盘使粉浆均匀分布盘底，直至凝固。将锅中热水舀入盘中片刻，继续让钢盘在开水中漂浮加热，直至凝固的粉浆变色透明，底部起大泡。

4. 将盘中水倒出，迅速将平盘放入盛有凉白开水的盆中，用手从凝固粉浆的边缘将其剥离，一张凉皮制作完成。

5. 重复上述步骤继续制作凉皮，完成后切成宽条备用。

6. 黄瓜切丝，蒜切成蒜末备用。

7. 两勺芝麻酱放入碗中，加入盐、蚝油、糖和醋，混合适量凉白开搅拌均匀（喜欢的可以加入辣椒油）。

8. 将切好的黄瓜丝和蒜末（有孩子可以事先用油炒至微黄，去除辣味）加入凉皮，混合芝麻酱拌匀即可。

Tips

① 孩子一般不喜辣，建议蒜蓉放入之前煸炒至无辣味，花椒油和辣椒油也慎放。

② 喜欢爽滑厚重口感的可以多放入些粉浆，这样制作出的凉皮厚一些，口感更筋道。

③ 红薯粉选择慎重，最好是那种呈小块状的，不要用玉米淀粉和土豆粉，不筋道。

吃货日志 23

丫头属兔，食性也和兔子一样，最爱的蔬菜就是胡萝卜，其余的各色蔬菜也大多喜欢，除了一些带有特殊味道的之外，如芹菜、洋葱和菇类等。平日炒食这几样蔬菜，很难说动她吃上一口。故此，作为家中的煮父，不得不从烹饪方法上下一些功夫，让她均衡地摄入各种营养。其中凉拌菜是一个很好的办法，将各种蔬菜洗净切丝，加入调配好的料汁，让各种蔬菜的味道搭配料汁形成混合的口感，遮掩一些蔬菜中的特殊味道，无论从色泽、气味还是口感上都容易让孩子接受。反正我家丫头很是喜欢，吧唧吧唧地吃得欢实，全然不管其中有蘑菇洋葱大蒜之类的她所不喜的食材。这道凉拌素三丝算是其中的代表，从做法上其实很是简单，只是需要费时费力地切丝；当然料汁的调配也很重要，毕竟菜品除了外观，更重要的还是口味。

凉拌素三丝

凉拌菜是一个很好的办法，让各种蔬菜的味道搭配料汁形成混合的口感，遮掩一些蔬菜中的特殊味道，无论从色泽、气味还是口感上都容易让孩子接受

丫头很是喜欢，吧唧吧唧地吃得欢实，全然不管其中有蘑菇洋葱大蒜之类的她所不喜的食材

制作材料

主料： 鸡腿菇一大根，黄瓜一根，胡萝卜半根，白洋葱 1/4 个，大蒜 3 瓣

辅料： 蚝油，生抽，白糖，番茄酱，花生酱，盐

制作步骤

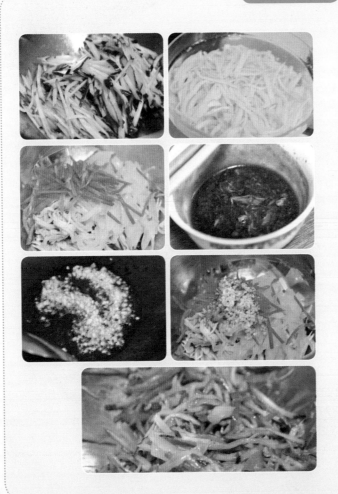

1. 黄瓜洗净切丝备用。

2. 鸡腿菇洗净切丝，焯水后放入凉白开中过凉后挤干水分拿出（或者先将鸡腿菇煮熟，然后用手撕成小条，口感更佳）。

3. 同样胡萝卜洗净切丝焯水，洋葱切丝焯水放入凉白开中过凉，挤干水分和其他材料混合放入盆中。

4. 蚝油、生抽、白糖、番茄酱、花生酱和盐混合成料汁。

5. 蒜切末，锅中少许植物油和香油混合，放入蒜煸炒至断生且析出香味。

6. 连油一起放入切好的丝中。

7. 加入混合好的料汁到蔬菜丝中，拌匀后盛出装盘。

Tips

① 所有材料切丝时尽量粗细一致，也可以用菜刨刨丝，这样菜品比较美观。

② 所有材料焯的时间不要过长，放进去半分钟即可捞出过凉。

③ 料汁可以吃饭前 10 分钟放入拌匀，这样极容易入味，也不影响菜品美观。

吃货日志 24

　　儿时家中的饭菜总是大盘儿大碗儿大菜量，味道也偏于厚重，乃至成家后很长一段时间，自己掌厨也是顺着同样的风格，无论形式，还是味道，都透着骨子里的实诚。

　　只是丫头的想法似乎与我不同，一天她看到我端上满满的一盘菜上桌时，一边皱眉一边嘟囔道："爸爸，怎么又做这么多啊，看着就饱了！再说了，吃不了剩下多可惜啊，谁也不爱吃剩的啊。要是你吃了剩菜吃坏肚子怎么办，那就没人给我做饭了，那我就要挨饿了！爸爸，我都忍不住要哭了……"说着说着小嘴巴居然撇了起来，一副山雨欲来的模样。好吧好吧，头一次知道菜做多了罪过居然这么大，会引发一串儿的连锁反应。得，那咱也学着做些精致的小炒吧，省得让小丫头再次梨花带雨地胡思乱想一番。这道小炒豆干，量不大，加上各种颜色材料的搭配，绝对地简单精致。丫头，这下满意了吧！

小炒豆干

　　"爸爸，怎么又做这么多啊，看着就饱了！再说了，吃不了剩下多可惜啊，谁也不爱吃剩的啊。要是你吃了剩菜吃坏肚子怎么办，那就没人给我做饭了，那我就要挨饿！爸爸，我都忍不住要哭了……"

　　好吧好吧，头一次知道菜做多了罪过居然这么大，会引发一串儿的连锁反应。得，那咱也学着做些精致的小炒吧，省得让小丫头再次梨花带雨地胡思乱想一番。

　　这道小炒豆干，量不大，加上各种颜色材料的搭配，绝对地简单精致。丫头，这下满意了吧！

制作材料

主料：白豆干5片，杏鲍菇两根（大的一根即可），韭菜、青蒜、红椒适量

调料：生抽，蚝油，糖，醋

制作步骤

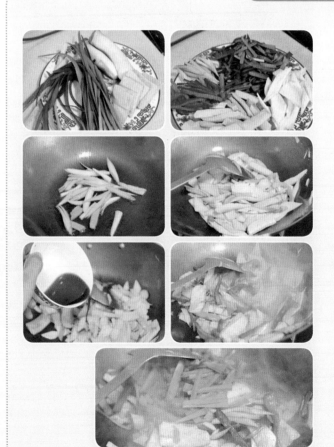

1. 各种材料洗净备用。

2. 白豆干、杏鲍菇切片，韭菜青蒜洗净切段，红椒切丝，白豆干切好后焯一下晾凉备用。

3. 锅中少许油烧热，加入切段青蒜煸炒至软。

4. 放入杏鲍菇和豆干，继续煸炒，至杏鲍菇片水分析出发软。

5. 放入生抽、蚝油和糖加少许白开水混合的料汁，继续煸炒。

6. 加入红椒继续煸炒。

7. 加入韭菜炒至软熟，淋少许醋煸炒几下出锅装盘。

Tips

① 豆干炒制前建议过下热水，去除豆腥味。

② 炒制原则就是不易熟烂的菜先下锅，容易熟烂和用于点缀的菜后下锅，成菜无论味道还是颜色，都会较好。

③ 爆炒的时候待材料几近成熟时，一次性淋入调料汁迅速翻炒，不仅容易入味，成菜色彩也更漂亮(仅用盐调味的菜式除外)。

温氏秘诀 10

干煸菜式的制作要点

制作某些如花菜、豇豆、茶树菇等硬质食材的时候，干煸是个不错的选择。但大多饭店干煸的时候采用过油的方法，虽然成菜漂亮，口感很好，但油脂残留太多，不利于健康。在家制作干煸菜式的时候只需注意以下几点，即使不过油，也可以让制作出来的菜式不仅入味，而且蔬菜中水分完全析出，口感咸香。

❶ 锅中只放平日炒菜用的油量，三五分热的时候下入葱、姜爆香后，再放入需要干煸的蔬菜，大火翻炒后改小火，将蔬菜平铺到锅底加热。

❷ 注意在小火加热的时候千万不要盖盖，不然好不容易煸出的水汽又会将菜焖熟，口感软但不香。

❸ 在水分部分析出的时候，可以再加入少量盐，主要是促进水分析出，进一步让蔬菜脱水。

❹ 当蔬菜达到干煸的口感后（直接尝一尝）加入各种调料，调大火快速煸炒，让调料充分融合后关火出锅即可。

吃货日志 25

　　丫头爱吃烧烤，这是我在她两三岁的时候，带她参加同事的聚会时发现的。一向不喜肉食的丫头，对于烤制的羊肉串和香肠之类的食物却是喜欢得很，聚会上来者不拒的吃相给兄弟们留下深刻的印象，直到现在还成为我们的笑谈。只是菲妈限制严格，尤其不喜颇不健康的木炭烧烤，别说丫头，就连我也被限制得紧。一日，我馋虫上脑想吃烧烤，便偷偷地拉拢丫头说："闺女，咱在家做顿烧烤好不好？""好啊好啊！"丫头立即点头答应，看来她对于烧烤的美味依然念念不忘。"爸爸，那咱们烤什么吃？要点火吗？要我串串儿吗？""不用。"我说道，"咱们就用烤箱来烤，嗯，咱们就烤猪蹄儿吧！""啊，猪蹄儿这么大怎么烤啊！能烤熟吗？不会我又咬不动吧！"丫头担心地问道。"不会的，爸爸想些办法，绝对做得嫩嫩的让你吃个爽！""好诶！"丫头又兴奋起来，扭动着跳起舞来，临了又跑过来对我又亲又抱。她哪知道，主要是她爹的馋虫忍受不了，要打牙祭了。

　　这道香烤猪蹄，先卤制熟烂，再入炉烤制，既有卤味的浓重口感，又有烤制的香糯弹牙，极大地满足了我这肉食动物一周来苦苦等待之迫切心情。做好后，小丫头也难抵香味的诱惑，抛开素食动物的矜持，出炉没多会儿，就被她抓起一块豪放地连啃带嚼吃了个干干净净，临了还嘬着小手儿，一脸的意犹未尽。

香烤猪蹄

　　一日，我馋虫上脑想吃烧烤，便偷偷地拉拢丫头说：

　　"闺女，咱在家做顿烧烤好不好？"

　　"好啊好啊！爸爸，那咱们烤什么吃？要点火吗？要我串串儿吗？"

　　"不用，咱们就用烤箱来烤，嗯，咱们就烤猪蹄儿吧！"

　　"啊，猪蹄儿这么大怎么烤啊！能烤熟吗？不会我又咬不动吧！"

　　"不会的，爸爸想些办法，绝对做得嫩嫩的让你吃个爽！"

　　"好诶！"丫头又兴奋起来，扭动着跳起舞来，临了又跑过来对我又亲又抱。她哪知道，主要是她爹的馋虫忍受不了，要打牙祭了。

制作材料

主料： 猪蹄两只

辅料： 大葱1根，姜1大块，卤肉盒1个（花椒大料桂皮干辣椒香叶适量），熟花生碎、香葱碎适量

调料： 红烧酱油，生抽，醋，冰糖，盐，黄酒

制作步骤

1. 猪蹄处理切块，凉水下锅焯至血沫析出后捞出控干。

2. 锅中放少许油，将控干水的猪蹄皮朝下煎至金黄。

3. 放入葱姜翻炒出香味。

4. 大火烹入料酒翻炒片刻，加入红烧酱油、生抽、醋改小火继续翻炒，加入冰糖翻炒至融化。

5. 加入足量的开水刚好没过猪蹄，大火烧开后调入适量的盐，放入卤肉盒。

6. 倒入高压锅中，盖盖上阀调中火，上汽后30分钟关火放气后开盖。

7. 拣出猪蹄，滤掉汤中的葱姜留汤汁，连同猪蹄倒回铁锅中。

8. 先小火煮到汤汁粘稠，再大火收汁，关火。

9. 烤盘铺锡纸，将收汁后的猪蹄猪皮朝上摆好。烤箱预热220℃，放入烤盘烤制20分钟至猪蹄表皮起泡且干爽后拿出装盘，趁热撒上花生碎和香葱碎上桌。

Tips

① 猪蹄本身有味道，各种调料能很好地起到去腥增香的作用。

② 高压锅30分钟可以让猪蹄软烂，也可加入黄豆或者山楂直接炖，可以加速软烂。

③ 烤制时可以使用烤架，一来两面都可以烤到，二来可以有效防止粘盘。

④ 如果家中有孩子，建议花椒和干辣椒少放或不放。

吃货日志 26

　　家乡是一个以务农为主的小村庄，村中大部分人都以种菜为生。除了平日卖菜，日常三餐所用的蔬菜也基本出自自家的土地。饭前大人们打发孩子直接到地里摘取，拿回来加以简单的烹饪和调味，一家人的佐餐菜式就齐备了。其中记忆颇深的就是母亲常做的蒸茄子，新鲜的紫皮长茄子去蒂洗净剖开，上锅蒸个 10 来分钟出锅，撒上蒜末葱花酱油，借着热气撕开搅拌均匀，成就了炎炎夏日里的极佳佐餐菜式，方便新鲜美味，至今难忘。成家之后，我也会经常做给菲妈和丫头吃，只是为了照顾小人儿的口味，需要事先将蒜末炒熟去除辣味。而岳母做茄子的方法又是一种，使用的食材也是南方的长条茄子，洗净切条佐以肉末姜丝炒食，软烂鲜香，也是深得家人的喜欢。这道烤茄子，是应口味挑剔的丫头和菲妈要求而创新的一道菜式，既有儿时蒸拌茄子的方式，只是改蒸为烤，又有岳母炒制肉末茄子的鲜香口感，只是不须提前将茄子过油，少油健康，奉给家人绝对是不错的选择，故命名为肉末烤茄子。

肉末烤茄子

  母亲常做的蒸茄子，新鲜的紫皮长茄子去蒂洗净剖开，上锅蒸个10来分钟出锅，撒上蒜末葱花酱油，借着热气撕开搅拌均匀，成就了炎炎夏日里的极佳佐餐菜式，方便新鲜美味，至今难忘。

  这道烤茄子是应口味挑剔的丫头和菲妈要求而创新的一道菜式，既有儿时蒸拌茄子的方式，又有岳母炒制肉末茄子的鲜香口感，少油健康，奉给家人绝对是不错的选择……

制作材料

主料： 长茄子 2 个，肉末少量（约 1 两）

辅料： 小葱，蒜

调料： 生抽，豆瓣酱，糖，醋，鸡精

制作步骤

1. 茄子去蒂洗净。

2. 中间剖开不断，用刀在茄子剖面各划几横刀。

3. 烤盘铺锡纸，将处理好的茄子放入，烤箱预热 230℃放入茄子烤 10 分钟左右，至剖面焦干茄肉略软即可。

4. 小葱和蒜切末，锅中放少许油烧热，加入葱蒜末炒出香味。

5. 加入肉末煸炒至变色。

6. 加入适量生抽和醋，一勺豆瓣酱煸炒均匀。

7. 加入一碗水（约 250ml）烧开转小火，焖 10 分钟左右到汤汁缩至原来的 1/3 左右，关火。

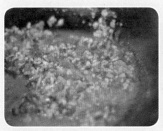  

8. 将烧好的肉末汤汁均匀地浇在烤制好的茄子上。

9. 放入烤箱，回调至220℃，烤制20分钟拿出，用筷子将茄子肉扒散装盘。

Tips

① 茄子一定要选长茄子，不要选圆茄子或者南方的细茄子。

② 分两次烤制，第一次烤出部分水分，便于料汁入味，第二遍重复加热让味道更易渗入。

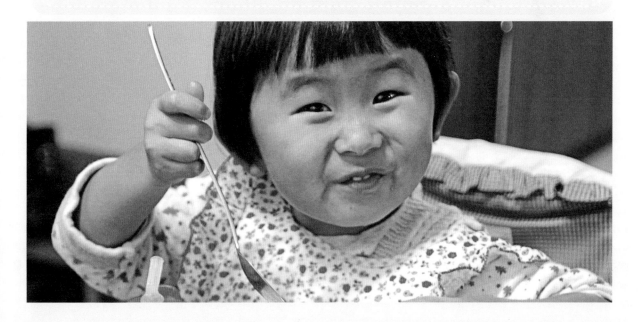

吃货日志 27

平日里丫头不爱吃肉，一次偶然的机会，带着 3 岁的她参加同事组织的湖边烧烤派对，当肉串儿烤好时，坐在旁边的丫头一脸淡定地接过同事递来的烤串，瞬间消灭两串儿，动作流畅自然，毫无滞涩，腮边带着浓重的炭黑油光的撸串印子咂摸着嘴中的余味，一脸陶醉。然后依然稳稳地坐在烤炉旁边，不叫不闹，只是两眼直盯着烤炉上嗞嗞冒油的半成品，静静地等着。之后记不得丫头共吃了多少串，反正是对递过来的羊肉烤肠馒头片之类的来者不拒，淡定地一串串全部消灭。看得同事及家属们目瞪口呆，惊为天人。事后时隔几月，依然成为他们茶余饭后的笑谈，直吵嚷着再组织一次，一睹我家丫头豪爽不羁的撸串儿风采。

只是那次烧烤之后，菲妈震怒，被她列为有害食物的烤串儿，我居然让丫头吃了数串儿，非但不阻止，还津津乐道地给她叙述个中场景。于是下达封杀令，任何炭火烧烤食物，不准再给丫头接触，大吃特吃。无奈之下，之后再有这种活动基本都将丫头留在家中，即便带去也是严格限制，惹得小家伙满脸幽怨，嘟嘴不喜。

我实在不忍，一日和丫头悄悄说道："闺女，咱们在家烤一次羊肉串儿吃好不好？"丫头本来在低头玩着玩具，听我说这话，立马抬起头来，两眼放光地兴奋喊道："好诶好诶！"抱着我的脖子就亲了两口。不过马上又愁道："爸爸，妈妈不是不让吃烧烤的东西吗，妈妈不让怎么办？"我拍着胸脯说："没关系，咱们又不用炭火来烤，爸爸用烤箱，不会有烤糊的地方，这样妈妈准答应，放心吧。"丫头终于松了口气，又欢喜雀跃起来，抱着我的大腿蹭来蹭去地示好，催促着我赶紧开始，以慰藉她长期不得撸串儿早已难耐的肚里馋虫。

烤箱羊肉串

"闺女，咱们在家烤一次羊肉串儿吃好不好？"

"好诶好诶！"丫头兴奋得两眼放光，不过马上又愁道，"爸爸，妈妈不是不让吃烧烤的东西吗，妈妈不让怎么办？"我拍着胸脯说："没关系，咱们又不用炭火来烤，爸爸用烤箱，不会有烤糊的地方，这样妈妈准答应，放心吧。"

丫头终于松了口气，又欢呼雀跃起来。

制作材料

主料： 羊肋条半斤，洋葱 1/4 个，大葱半根，生姜 1 块
调料： 盐，生抽，花椒，白酒，孜然，辣椒

制作步骤

1. 羊肋条肉洗净。

2. 肥瘦分开，切成小块（用烤箱的话尽量小块点）。

3. 切好的肉块放入碗中，加入切丝的洋葱，切片的大葱和生姜，再淋入少许白酒、生抽，加入花椒面（最好自己用花椒打碎过筛）以及整粒孜然。

4. 用手抓拌均匀，腌制一晚。

5. 腌好的羊肉用扦子串起来，肥瘦相间，烤盘底部铺锡纸，扦子架在烤盘上。

6. 烤箱预热 230℃，羊肉串表面刷油，将烤盘放入上层，烤制 5 分钟。

7. 拿出来翻面继续烤制 5 分钟，再拿出两面撒孜然和辣椒粉，放入烤箱继续烤制 10 分钟拿出。

Tips

① 腌制肉串儿时最好用白酒，如果用料酒的话味道不好。

② 串肉串时每个肉块之间最好留有些许缝隙，便于成熟。

③ 烤箱由于火力不如炭火或点烤架强，所以烤制出的不易焦黄，肉质细嫩，适合孩子吃。

④ 喜欢烤制焦黄的话，建议肉块切小并适当延长烤制时间。

⑤ 加入白洋葱腌制的肉串口感偏甜，不喜的话可以改换红洋葱或者不放洋葱。

温氏秘诀 //

爆炒出美味羊肉的秘密

羊肉除了炖着吃，烤着吃外，爆炒羊肉也是不错的选择，爆炒的时候注意以下几点，做出的羊肉肯定美味无比。

❶ 选择爆炒的羊肉最好用羊腿肉，但注意一定要剔除筋膜，不然筋膜部分很难嚼烂。

❷ 羊肉切成薄片后，提前加入盐，少量生抽，孜然粉（五香粉）、料酒、水淀粉和香油腌制 20 分钟，便于羊肉提前入味。

❸ 爆炒肉片的时候一定要足油大火，油温八九成热的时候放入肉片迅速爆炒，肉片变色微黄的时候即可控油捞出。

❹ 锅中只留少许底油，放入大量大葱（或者洋葱）爆香，加入盐、生抽调味后再放入爆好的羊肉片，可以再加入些孜然粒翻炒片刻就捞出，这样不至于让已经成熟的羊肉变老。

吃货日志 28

粗纤维的肉食对于三五岁的孩子来说，大多是不喜的，虽然香味诱人，却难以嚼烂下咽。很多孩子都是嚼到一半便吐出来，我家丫头便是如此。所以，从她吃辅食开始，我就尝试着各种烹饪方法，让她能够食用各种不同的肉食来达到营养方面的均衡。毕竟肉类中的营养，对于长身体的孩子来说，还是不可缺少的。比如牛肉，低脂高蛋白，富含锌，如果做成酥脆的肉松，无论放在粥中拌食，还是做成肉松面包之类的点心，都会很受孩子们的欢迎。下面这种做肉松的方法，简单易学，而口味也可随着孩子的喜好调整。比起市面上出售的各种肉松类食品来说，少了满眼添加剂的担心，绝对健康美味，让人放心。

牛肉松

粗纤维的肉食对于三五岁的孩子来说，大多是不喜的，虽然香味诱人，却难以嚼烂下咽。很多孩子都是嚼到一半便吐出来，我家丫头便是如此。所以，从她吃辅食开始，我就尝试着各种烹饪方法，让她能够食用各种不同的肉食来达到营养方面的均衡。这款牛肉松，比起市面上出售的各种肉松类食品来说，少了满眼添加剂的担心，绝对健康美味，让人放心。

制作材料

主料： 牛瓜条半斤（牛瓜条：牛背脊骨两侧的肉）

辅料： 大葱半根，姜三五片，大料两颗

调料： 黄酒，生抽，盐，糖，橄榄油适量

制作步骤

1. 牛瓜条洗净，切成小肉块。

2. 肉块放入高压锅，加入凉水以及适量黄酒烧开，撇去血沫后放入葱姜。

3. 盖上锅盖，放汽后继续煮25分钟，关火，捞出牛肉块，晾凉备用。

4. 煮好的牛肉块放入保鲜袋中，用擀面杖碾碎。

5. 锅烧热，将碾碎的牛肉放入锅中，加入少量橄榄油，小火炒散。

6. 加入适量的盐、糖（可适当多些）和生抽（可不放），继续焙炒至肉泥全干松散，用手抓

起放开，无任何潮气，放到嘴中有酥脆的感觉，且炒制时听见沙沙的声音时停止（全程大约30分钟）。

7. 此时，如果不需太细的话，可以晾凉装袋，但如果是给宝宝吃的话，可以继续放入料理机中打碎盛出。

8. 然后放入锅中略微煸炒三五分钟，将打碎纤维后最后的水汽煸炒出去，完成晾凉装袋。

Tips

① 牛肉选择瓜条的原因是这个部位是比较嫩的，也可使用牛腱子。

② 辅料不用太复杂，葱姜大料去腥增香足矣。

③ 煮制过程一定要让牛肉软烂，且碾碎时也要尽量细些，这都会影响最后的成品品质。

④ 炒制过程中一定要有耐心，水分全干不仅让口感更佳，也会延长保存时间。

吃货日志 29

　　周末，我们约了菲妈的朋友一家带着孩子去森林公园露营野餐。帐篷扎好，趁着菲妈和朋友聊天的时候，我便带着两个小野丫头去河边捕鱼。拿着一个小网兜儿，沿着湖边的芦苇丛东抄西捞，不一会儿，小桶中就多了几条小鱼小虾。只是初夏的季节，小虾居多，很少见到活虾样子的两个小人都兴奋地抢着拎小桶，或者扒着桶沿儿看里面的小虾弹跳游泳。看两个小丫头大开眼界的样子，我心里一阵得意，说道："我们小的时候河里有很多的虾呢，随便捞几下就有半桶了，都是这样的小虾。"丫头抬起头来，崇拜地说道："爸爸，真的吗？好吃吗？""好吃。"我顺口答道。突然一愣说："你怎么知道我吃过？"丫头得意地一笑，小眼睛眯缝着说道："肯定会被你吃掉啊，不然多可惜啊！"我哈哈地笑起来，知我者，闺女也。"好吧，爸爸回去也给你做一顿小虾吃，那味道，鲜得很！"丫头标志性地吸溜一下嘴，兴奋地说道："好啊好啊，爸爸，加上小桶里面的这几条吧。"我忙说道："别了丫头，这几条还不够塞牙缝的，玩一会儿就放了吧。""那好吧。"丫头一脸的不情愿，我顿时心生怜惜，开玩笑说："丫头，你是饿了几辈子，才投胎到我家啊！"

　　如今刚好初夏季节，大量的小海白虾和湖虾陆续上市，材料很是好买，于是在菜场买来半斤小白虾以及青蒜，准备着给丫头露一手，让她也尝尝这道菜的美味。只是还未到最后加工开炒的步骤，盘子中酥好的虾就被她一趟趟地跑到厨房索取，不一会儿便消灭小半。临了还不忘夸赞两句："爸爸，你做得太好吃了。"确实，酥好的小虾外壳酥脆，虾肉不多但容易嚼烂，提前腌制也让味道透入其中，即便不再炒制加工，味道也是绝美。故此，我把这道菜起名为香酥小白虾。

香酥小白虾

周末，我们约了菲妈的朋友一家带着孩子去森林公园露营野餐。我带着两个小野丫头沿着湖边的芦苇丛东抄西捞，不一会儿，小桶中就多了几条小鱼小虾。

"我们小的时候河里有很多的虾呢，随便捞几下就有半桶了，都是这样的小虾。"

"爸爸，真的吗？好吃吗？"

"好吃。……你怎么知道我吃过？"

"肯定会被你吃掉啊，不然多可惜啊！"

知我者，闺女也。

"好吧，爸爸回去也给你做一顿小虾吃，那味道，鲜得很！"

"好啊好啊，爸爸，加上小桶里面的这几条吧。"

"别了丫头，这几条还不够塞牙缝的，玩一会儿就放了吧。"

制作材料

主料： 小白虾，青蒜

辅料： 葱，姜

调料： 生抽，盐，糖，五香粉，黄酒，玉米淀粉

制作步骤

1. 小海白虾洗净控干，青蒜择好洗净。

2. 虾放入碗中，加入生抽、盐、糖、五香粉和黄酒适量，搅拌均匀，再加入玉米淀粉。

3. 搅拌均匀后腌制 20 分钟。

4. 小青蒜切成滚刀段备用。

5. 锅中放油（比平时炒菜多些），加入葱姜爆香至微黄捞出。

6. 放入腌好的虾迅速用筷子搅拌炒散。

7. 调中火继续翻炒，直到颜色金黄，虾皮酥脆捞出控油备用。

8. 锅中留少许底油，放入青蒜段煸炒至熟。

9. 加入炒好的虾，加少量生抽迅速翻炒均匀出锅。

Tips

① 小白虾最好买鲜活的，这样炒制过程中不易掉头，而且味道极鲜。

② 不喜青蒜的也可用香葱或者韭菜代替，都很好吃。

③ 腌制虾的时候最好味道比成菜要淡些，因为最后一步还要淋入生抽。

④ 炒制虾的时候一定确保虾皮酥脆，但不要炒过，这样口感才好。

⑤ 最后翻炒的时间一定要短，而且一定要青蒜熟透再下锅，这样可以保持虾的酥脆口感。

温氏秘诀 12

如何制作蒸鱼不腥

对于新鲜的鱼类，蒸制是个不错的办法，低油营养，步骤简单，只需简单的几步，制作出的蒸鱼保证不腥，只留鲜香。

① 处理鱼的时候注意一定将鱼鳃、鱼鳞、鱼背鳍、鱼肚子和鱼嘴中的黑膜去除，这几样都是鱼腥味的来源。

② 鱼身上划几刀后将大葱和生姜丝塞入刀缝和鱼肚子，表面抹盐和料酒，腌制 20 分钟，进一步去腥入味。

③ 蒸鱼时开水上锅，蒸制 5 分钟后打开锅盖，将蒸鱼盘中渗出的浑浊汤汁倒掉，因为这里面混合了部分析出的鱼血等杂质，也是很腥。

④ 鱼身表面淋上蒸鱼豉油或者调制好的料汁，再蒸制 10 分钟拿出，表面放葱、姜丝，少量油烧到八九成热后泼淋在鱼身上，激发鱼香味的同时也进一步去除鱼的腥味。

温暖点心屋

尤忆丫头出世不足一月，菲妈带其回娘家暂住，留我在京。无聊间偶入烘焙，沉迷其中，至此一发不可收，至今五年有余。怎奈资质愚钝，管中窥豹不得其一，以平凡之资，烘焙糕点无数，应对二女所需。然胜于原料天然，绝无添加，又知妻女口味，故得家人喜欢，坚持至今。因烘焙严谨苛刻，差之毫厘，谬以千里，常需辅以秤勺称量，故细记之。面油蛋奶糖简单几样，千变万化烘烤口味无数，甜香酥软造就欢乐万千，让制作之人乐此不疲，品尝之人点点开心。

吃货日志 30

丫头在半岁体检时，医生建议我们开始给她使用磨牙棒促进乳牙生出。不过对于刚刚尝试软性辅食不久的婴儿来说，这种磨牙类的食物真不敢随便给她。尤其市面上五花八门的磨牙棒，不是硬度偏软让人担心，就是加入各种的添加剂令人触目。

迫于形势，我索性将市面上各品牌的磨牙棒都研究了一遍，同时总结出磨牙棒的几个必备要素：一要硬，在婴儿摔打和唾液的不断浸润下不会变软；二是要有能够吸引孩子的味道，让婴儿有兴趣不断地用牙床摩擦啃食；三是要便于抓握，不能有尖锐的棱角，不然对于幼嫩的婴儿来说容易造成伤害；四是要成分简单，尽量避免使孩子过早地接触各类添加剂而造成健康隐患。

基于以上几点，在我反复几次实验后，温氏私房磨牙棒横空出世，而菲儿就成了这款磨牙棒的第一位试用者。给她之前，先将小丫头的手洗干净，自己则在一旁紧张地严阵以待，生怕她将磨牙棒咬断并吞下。早已啃腻了玩具手脚及奶嘴儿的她，抓住磨牙棒看都没看，直接塞到嘴里，一边咬着一边狠狠地哼哼，口水也随之奔涌而出。不一会儿，她的手上嘴上身上一片狼藉，饼干的碎屑混合着口水弄得到处都是。磨牙棒依然坚韧，丝毫没有在口水的浸泡以及小丫头的疯狂撕咬下败下阵来。十几分钟后，尽管丫头还在那边哼哼着不肯撒手，看不下去的菲妈也终于忍不住将磨牙棒从丫头手中拿下，开始打扫狼藉的战场。这场战斗，磨牙棒完胜！

婴儿磨牙棒

市面上五花八门的磨牙棒，不是硬度偏软让人担心，就是加入各种的添加剂让人触目。

在我反复几次实验后，温氏私房磨牙棒横空出世，而菲儿就成了这款磨牙棒的第一位试用者。

给她之前，先将小丫头的手洗干净，自己则在一旁紧张地严阵以待，生怕她将磨牙棒咬断并吞下。早已啃腻了玩具手脚及奶嘴儿的她，抓住磨牙棒看都没看，直接塞到嘴里，一边咬着一边狠狠地哼哼，口水也随之奔涌而出。不一会儿，她的手上嘴上身上一片狼藉，饼干的碎屑混合着口水弄得到处都是。磨牙棒依然坚韧，丝毫没有在口水的浸泡以及小丫头的疯狂撕咬下败下阵来。这场战斗，磨牙棒完胜！

制作材料

（10根左右）

主料：低筋粉150g，柴鸡蛋一个（怕鸡蛋过敏可以不加，只用适量的水代替），糖粉10g，
胡萝卜30g，牛奶40g，橄榄油10g

烘焙要点：180℃，20分钟至表面金黄，之后150℃，20～30分钟直到烤透

制作步骤

1. 胡萝卜切成小块放入料理机，加入牛奶。

2 打碎后滤出汁液备用。

3. 柴鸡蛋打散，加入糖粉和橄榄油搅拌均匀，筛入低筋粉搅拌均匀。

4. 加入胡萝卜牛奶汁约40克，揉成光滑面团，松弛半小时。

5. 松弛好的面团搓成长条。

6. 切成大小均匀的剂子（这些我分成了13份）。

7. 取一剂子拉成长条，直径大约1.5cm，长度大约10cm。

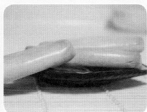

8. 用手压住在面板上搓滚几次，让棱角变得圆滑。

9. 用手指在两边捏几下，放入铺上锡纸的烤盘（捏的作用是产生凹凸的手感便于婴儿抓取）。

10. 表面刷上薄薄的水蛋液，放入预热180℃的烤箱中层烘烤20分钟至表面金黄，再150℃烘烤20～30分钟直到内部完全干燥。

Tips

① 对于牛奶或鸡蛋有顾虑的家长可以用水代替。

② 胡萝卜汁也可改成其他的蔬菜汁，做出不同的口味。

③ 面团不要过度揉搓出筋，不然烤制出的成品容易开裂。

④ 烘烤后的磨牙棒如果有尖锐的裂缝，最好不要给孩子，或者先将尖锐部分处理一下再给孩子。

⑤ 婴儿使用磨牙棒时家人还是要在一旁看护，千万不要马虎大意。

吃货日志 31

　　有了娃儿，无论平时做饭还是烘焙，我总会考虑如何在口味和外形上吸引她的注意，如果做出了让她喜欢的吃食，心里自是舒畅无比。故此，我在平日逛超市或者菜场时，脑袋都会条件反射般随着货架或菜摊前的各种食材，勾画出要做成何种菜式或者点心，能够符合丫头的胃口。

　　有一段时间着迷于面包的制作，当在超市看到小巧的热狗肠时，脑中立马勾勒出一款迷你热狗面包的雏形，觉得很适合孩子的感官和胃口。二话不说买回家，利用空余时间闷头实践两次后终将成品拿出。丫头见到后，捧在手中兴奋地尖叫连连："爸爸，这个面包好可爱啊，我都舍不得吃了！"看了一会儿，眼神逐渐变换着失去理智，一边吞咽着口水，一边又可怜巴巴地对我说道："爸爸，这个可爱的小面包，我可以吃一个吗？"说着忍不住吸溜了一下口水，一脸的馋样儿，全然把她说的第一句话抛到脑后，不管不顾。

迷你热狗小面包

当在超市看到小巧的热狗肠时，脑中立马勾勒出一款迷你热狗面包的雏形，觉得很适合孩子的感官和胃口。二话不说买回家，利用空余时间闷头实践两次后终将成品拿出。

丫头见到后，捧在手中兴奋地尖叫连连："爸爸，这个面包好可爱啊，我都舍不得吃了！"

看了一会儿，眼神逐渐变换着"失去理智"，一边吞咽着口水，一边又可怜巴巴地对我说道：

"爸爸，这个可爱的小面包，我可以吃一个吗？"

说着忍不住吸溜了一下口水，一脸的馋样儿，全然把她说的第一句话抛到脑后，不管不顾。

制作材料

主料： 高筋粉 140g，水 75g，砂糖 20g，黄油 15g，盐 3g，酵母 3g，泡打粉 3g，
奶粉 5g，全蛋液 10g，小热狗肠 9 根

辅料： 全蛋液少许，杏仁碎

烘焙要点： 烤箱中层，180℃ 15 分钟至表面金黄

制作步骤

1. 除黄油和热狗肠之外，将所有制作材料混合揉到面团出筋，加入黄油继续揉到扩展阶段后，发酵至原来的两倍大。

2. 将初次发酵完毕的面团挤出空气，分成 9 等份的小面团后团圆，放置松弛 15 分钟。

3. 在热狗肠一面横竖划几刀备用。

4. 取一小面团，中间掏洞。

5. 用两个手指将其团开成圈状。

6. 面包圈坯放在烤盘上，将热狗肠未划开的一面放入面圈中按实。

7. 二次发酵面包坯至两倍大左右，表面刷蛋液，撒上杏仁碎。

8. 放入预热 180℃ 的烤箱中层烤制 15 分钟至表面金黄。

Tips

① 热狗肠尽量选择小巧一些的，这样做出的成品比较袖珍可爱。

② 面团做成圈的时候不要过大，比热狗肠短一点窄一点即可。

③ 杏仁碎可以换成其他装饰，比如椰蓉、芝麻或其他类坚果。

温氏秘诀 13

自己给孩子制作零食点心的注意事项

对于给孩子准备零食点心，有以下几点需要注意：

❶ 烘焙使用的黄油奶油，一定要用品质好的动物脂产品，绝对不要选用植脂奶油或者黄油，虽然价格便宜，不过给孩子做点心，首要的就是图个健康，不是吗？

❷ 减少糖的使用量。毕竟糖的热量极高，又没有太多的营养在里面，如果片面追求口味而添加大量的糖，反倒得不偿失。可以采用一些天然带有甜味的果干来增加口感，比如蔓越莓或者葡萄干之类。

❸ 尽量采用简单的原料进行烘焙，不要片面地追求造型和口感而添加过多的添加剂及色素，这样就违背了我们自行烘焙的初衷。

❹ 添加有益的食材在点心中，比如坚果、葡萄干或者蔓越莓干等天然果干，或者使用营养丰富的乳酪等食材，让孩子在享受美味的同时摄入营养。

❺ 不要过于频繁地给孩子烘焙点心，毕竟里面的黄油、面粉、糖都属于高热量的食品，且营养单一，还是要让孩子以正餐为主。

日照海滨国家森林公园
RiZhao Beach National Forest Park

吃货日志 32

一年中总有几个日子，喜欢提前在日历上圈起。虽然以我的性子，不会忘记其中任何一个，但依旧延续着这个习惯。或是源于老一辈人的影响，又或是本能地认为生活中需要这样的标记来点缀原有的平静。我们的结婚周年纪念，无疑是其中最为重要的日子之一。虽然我早早开始策划，但由于赶上非周末的时间，也只能简而化之，最后只剩下给菲妈的礼物和自己制作的黑森林周年蛋糕。

制作蛋糕的过程，全程被馋嘴丫头骚扰突袭，时不时在我离开或转身的空当，小手快速地扒拉着蛋糕上的奶油和巧克力，一股脑地放到嘴里。我一边做着蛋糕，一边又要提防丫头的黑手，忙得满头大汗，最后不得不将化完巧克力的碗和勺子给了丫头，让她自行刮取里面的残余。最后忙完一看，勺子早已被她扔到一边，而是直接手嘴并用地享受着巧克力，那模样，十分地满足。

黑森林蛋糕

我们的结婚周年纪念，由于赶上非周末的时间，最后只剩下给菲妈的礼物和自己制作的黑森林周年蛋糕。

制作蛋糕的过程，全程被馋嘴丫头骚扰突袭。我一边做着蛋糕，一边又要提防丫头的黑手，忙得满头大汗，最后不得不将化完巧克力的碗和勺子给了丫头，让她自行刮取里面的残余。最后忙完一看，勺子早已被她扔到一边，而是直接手嘴并用地享受着巧克力，那模样，十分地满足。

制作材料

主料：巧克力戚风蛋糕坯（8寸圆模），鸡蛋5个，低筋面粉70g，可可粉30g，

　　　细砂糖35g（蛋白），细砂糖20g（蛋黄），色拉油65ml，牛奶65ml，

　　　泡打粉4/5小勺

烘焙要点：175℃烤1个小时

装裱要点：鲜奶油200ml，糖粉20g，樱桃和芒果丁适量，黑巧克力80g

制作步骤

1. 蛋白蛋黄分离，分次加入细砂糖到蛋白中，打发至干性发泡。

2. 蛋黄加入细砂糖打散，再依次加入色拉油和牛奶搅拌均匀。

3. 低筋粉、可可粉、泡打粉过筛加入蛋黄糊中，上下切拌均匀。

4. 面糊中加入三分之一打发蛋白，上下切拌均匀后倒回蛋白碗中，并切拌均匀成细腻蛋糕糊。

5. 蛋糕糊倒入8寸蛋糕模中，用力震出大气泡。

6. 放入预热175℃烤箱烘烤1个小时，拿出倒扣冷却后脱模。

7. 垫起活底模底部，让蛋糕坯升至需要的切片高度，用锯齿刀紧贴蛋糕模上沿切片，并用此方法完成剩余的切片（我切成了3片）。

8. 巧克力隔水融化后倒入平盘中至冷却。

9. 用勺子在凝固的巧克力表面一刮，漂亮的巧克力屑诞生，全部刮完备用。

10. 冷藏的鲜奶油加入糖粉打发至清晰纹理。

11. 取一片蛋糕坯放在裱花盘上，表面涂抹一层打发奶油。

12. 盖上另外一个切片并用相同方法涂抹奶油，直到整个蛋糕涂抹平整。用刮刀将巧克力碎屑粘到蛋糕侧边和上边，配上樱桃和芒果丁，完成。

Tips

① 戚风蛋糕烤制时很难避免开裂，尽量避免温度过高，低温慢烤，可以避免开裂或者裂缝较小。

② 烤制戚风蛋糕一定要注意把大气泡震出。

③ 黑森林蛋糕抹面时不需过于平整，用巧克力屑装饰时可以掩盖不平整的地方。

④ 粘贴巧克力这一步千万不要用手，不然很容易融化。

吃货日志 33

有了娃儿，本已沉寂的童心再次苏醒，连平日的烘焙，也禁不住琢磨着怎样做些可爱又美味的东西吸引丫头的眼球。怎奈资质平庸加之想象力匮乏，只能参考着书中或者网络的成品加以学习和改良。几年下来，倒也能折腾出一些让丫头欣喜的作品，比如把蒸馒头做成小刺猬的形状，比如丫头生日为其做的米菲蛋糕，还比如这次做的长颈鹿斑纹蛋糕卷。

还记得当时无意间看到这款蛋糕卷的图片时，立马被牢牢地吸引。急忙喊道："闺女，快过来看看这个！"丫头正在玩耍，听出我言语中的兴奋，忙扔下手中的玩具跑了过来："干吗，爸爸？""看看这个蛋糕卷漂亮不？"我指给她看。"嗯嗯，好漂亮啊，爸爸。"丫头捧着电脑屏幕，脑袋恨不得钻了进去，吸溜着口水，两眼放光地点着头说道："爸爸，爸爸，这个你会做吗？"一旦遇到喜欢的吃食，丫头都会这样问我。"会。"我立马拍着胸脯答道，一脸的自信。有娃儿的爹，就是这样卖着力气挣面子。丫头闻听，兴奋地手舞足蹈："爸爸，做给我吃吧，求你了！"接着上来对我一阵搂抱示好。得，为了博得小情人儿一笑，撩开膀子干吧。

长颈鹿斑纹蛋糕卷

　　有了娃儿，本已沉寂的童心再次苏醒，连平日的烘焙，也禁不住琢磨着怎样做些可爱又美味的东西吸引丫头的眼球。

　　还记得当时无意间看到这款蛋糕卷的图片时，立马被牢牢地吸引。

　　"闺女，快过来看看这个！"

　　"嗯嗯，好漂亮啊，爸爸。"丫头捧着电脑屏幕，脑袋恨不得钻了进去。

　　"爸爸，爸爸，这个你会做吗？爸爸，做给我吃吧，求你了！"

　　得，为了博得小情人儿一笑，撩开膀子干吧。

制作材料

主料： 鸡蛋 2 个，低筋面粉 30g，可可粉 4g，色拉油 12g，鲜牛奶 20g，细砂糖 15g（10g 加入蛋白，5g 加入蛋黄），淡奶油和糖粉适量

烘焙要点： 烤箱中层，上下火 180℃，12 分钟左右

制作步骤

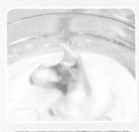

1. 蛋白蛋黄分开，分次将细砂糖加入蛋白中并打发到湿性发泡（提起打蛋器，蛋白糊会垂下来一个长长的大约 10cm 的尖而不会滴下来）。

2. 蛋黄加入 5g 细砂糖打散（不要打发），加入色拉油和鲜牛奶继续搅打均匀。

3. 过筛加入低筋粉并用刮刀切拌均匀至无粉块。

4. 取少量蛋黄糊以及打发蛋白搅拌均匀后装入裱花袋，前端开约 5mm 的口。

5. 烤盘铺油纸，上面用裱花袋中的面糊画出斑纹形状（随意发挥即可），入预热 180℃ 的烤箱中层烤制 1 分钟定形拿出。

6. 蛋黄糊中加入过筛可可粉并切拌均匀无粉粒。

7. 取三分之一打发蛋白倒入蛋黄糊中切拌均匀后，回倒入打发蛋白中继续切拌均匀成细腻的糊状。

8. 将切拌均匀的蛋黄糊倒入烤盘并抹平。

9. 放至预热180℃的烤箱中层烤制12分钟拿出，撕开油纸和蛋糕片粘连的边缘，并立即倒扣在冷却架上，撕掉油纸再盖回去。

10. 冷却后，取一张新油纸表面喷少许水，将蛋糕片反过来放在新油纸上（有斑纹的一面朝下）。

11. 淡奶油加适量糖粉打发，将其涂抹在蛋糕片表面。

12. 切去不规则的边缘，并在开始卷的一头用刀轻划两道，借助擀面杖将其卷起，并用油纸包住，两边拧紧，放入冰箱冷藏定形半个钟头，之后可切片食用。

Tips

做这种蛋糕卷比较难的不是花纹，而是在卷起的时候容易开裂，这也是时常遇到的问题，我在开始做的时候也遇到了同样的问题，之后注意了以下几点，问题便解决了。

① 打发蛋白时一定注意打到刚刚湿性发泡即可，千万别过了。

② 蛋黄搅拌步骤不需要打发，搅匀即可。

③ 烤制时间不要过长，刚刚熟即可，过了造成蛋糕片过硬也容易造成开裂。

④ 卷之前注意蛋糕片底部可以适当少喷些水，让其吸收软化，防止开裂。

⑤ 卷之前将蛋糕片两边切除，一来美观，二来防止边缘过硬影响卷制过程。

⑥ 卷之前在开始的一端轻划两道，减少内部压力，防止开裂。

温氏秘诀 14

制作蛋糕卷不裂的秘诀

蛋糕卷是比较容易上手的糕点之一，而且内部可以加入不同的馅料，只是在卷制时开裂是个让人头疼的问题。其实掌握以下几点，可以彻底解决这个问题：

① 打发蛋白时不要打过，刚刚湿性发泡即可，不然蛋糕卷坯膨胀过厚，卷制时很容易开裂。

② 烤制时间不要过长，防止表皮干硬导致开裂，出炉后立即将蛋糕卷坯倒扣，让其中的湿度均匀，并同时将底部的油纸拨开再盖回去，便于湿度保持。

③ 蛋糕坯不烫手的时候即可开始卷制，先在初始端用刀划上两道，减小内应力，防止开裂。

④ 卷制过程要快，不要过于用力地压，本身低筋粉的筋度差，过于用力的话肯定容易裂开。

吃货日志 34

夏天，本就是属于孩子的季节，在外面任性玩耍到很晚，穿短衣短裤甩着黢黑的小胳膊小腿儿尽情撒欢儿也不用担心大人们的唠叨。在农村，孩子下河游泳，捉鱼捞虾米，上树折枝儿掏鸟窝捉知了，更是夏天给予孩子们的恩赐。更重要的是，各色的冰棍雪糕冰激凌可以名正言顺地满足孩子们馋溜溜的嘴巴，或是嘬着慢慢吃，或是大口地吞下去，幸福感瞬间爆棚。菲儿这个年纪自不例外，只是菲妈限制严格，即便外出玩耍，也决不在景区的小贩手中购买这些冷食，惹得菲儿每次可怜的一番哀求最后都是无功而返。

无奈，我只能亲自动手制作一些在菲妈严格限制之外而菲儿又喜爱的吃食，来抚慰小丫头每次被菲妈"Say No"带来的创伤。不过对于食品的安全，我们的确有理由担忧，毕竟这么多年耳濡目染的太多。例如孩子们钟爱的冰激凌，外包装的配料表大多充斥着各种添加剂，让人心惊。要是自己制作，无非三五种材料，牛奶、蛋黄、奶油、白糖，就搞定了基本口味的蛋奶冰激凌，如果再加入果酱或者巧克力坚果等，就能延伸出各种不同的口味。不但健康，味道也比外面的要纯正很多。自己动手，无非多花些时间，但能给孩子一个完美健康的夏天，何乐而不为？

巧克力冰激凌

夏天，各色的冰棍雪糕冰激凌可以名正言顺地满足孩子们馋溜溜的嘴巴，或是喂着慢慢吃，或是大口地吞下去，幸福感瞬间爆棚。

菲儿这个年纪自不例外，只是菲妈限制严格，即便外出玩耍，也决不在景区的小贩手中购买这些冷食，惹得菲儿每次可怜的一番哀求最后都是无功而返。

无奈，我只能亲自动手制作一些在菲妈严格限制之外而菲儿又喜爱的吃食，来抚慰小丫头每次被菲妈"Say No"带来的创伤。自己动手，无非多花些时间，但能给孩子一个完美健康的夏天，何乐而不为？

制作材料

主料： 全脂牛奶 200ml，蛋黄 2 个，细砂糖 50g，淡奶油 250ml，巧克力 50g，盐 1/8 勺

制作步骤

1. 蛋黄中加入细砂糖和盐，搅拌均匀。

2. 慢慢加入牛奶，边倒边搅拌均匀。

3. 蛋奶混合液倒入奶锅，开小火不停地搅拌。

4. 当蛋奶液粘稠挂勺，关火，泡入凉水中继续搅拌一到两分钟盛出，放入冰箱冷藏备用。

5. 巧克力隔水融化，加入制好的蛋奶浆中搅拌均匀备用。

6. 淡奶油倒入盆中，打至滴下的奶油能够画出柔软清晰的纹路。

7. 巧克力蛋奶液倒入打好的淡奶油中混合均匀。

8. 倒入容器中放入冷冻，每隔 1 小时搅拌一次，搅拌两三次后冻硬即可。

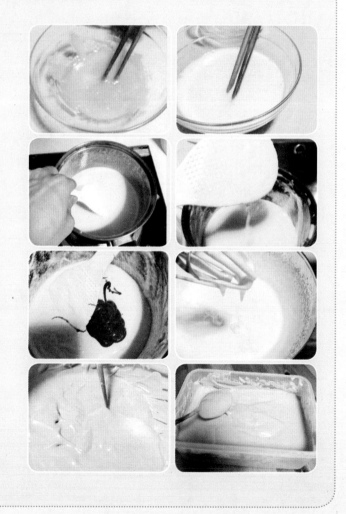

Tips

① 蛋黄和牛奶混合的时候不要过度搅拌，不然容易出大量的泡沫。

② 熬煮蛋奶浆的时候一定注意控制火候，不要急，慢慢地熬煮到粘稠挂勺。

③ 淡奶油不要打得过发，不然影响口感。

④ 如果要制作水果味道的冰激凌，制作时一定要事先熬成果酱，避免过多的水分形成冰渣。

吃货日志 35

眼见着到了停暖的日子，北京的天气乍暖还寒，让人捉摸不定。我的每日骑行依然坚持，只是衣物须随着天气时薄时厚地更换，有些麻烦。回望一年，无论寒暑，每日20多千米的坚持，身体康健自不必说，尤其甩脱了十几斤赘肉，更让人倍感清爽。当然，也为更好地享受美食得了借口。时而一壶好茶、几枚自制的茶点，享受闲暇的周末午后时光，好不惬意！

小丫头自无这些烦恼，每日只知玩耍，疯得要命，一刻也不得闲。加上我们的放羊模式，没给她安排任何课外班，更加激发了丫头的玩性。如此下来，丫头的个头倒是蹿了不少，只是本就不白的皮肤更加黝黑，惹得菲妈时常愁眉地叨念担心。我却不以为然，只是随着她的运动量增加，开始考虑如何在日常的点心中加入些对身体有益的材料，比如乳酪。这款切达乳酪饼干是参照着一位知名博主的方子做的，只是其浓郁的乳酪味道和偏咸的口感让丫头皱眉，连说不好吃。经过几次调整以及丫头的试吃，终于做出了让她喜欢的味道。之后每次出去玩耍，丫头都会嘱咐外婆给她的包中放上几块，以便和好朋友们分享。

切达乳酪饼干

随着她（丫头）的运动量增加，（我）开始考虑如何在日常的点心中加入些对身体有益的材料，比如乳酪。

这款切达乳酪饼干是参照着一位知名博主的方子做的，只是其浓郁的乳酪味道和偏咸的口感让丫头皱眉，连说不好吃。经过几次调整以及丫头的试吃，终于做出了让她喜欢的味道。之后每次出去玩耍，丫头都会嘱咐外婆给她的包中放上几块，以便和好朋友们分享。

制作材料

（30 块左右）

主料：低筋粉 140g，黄油 70g，切达乳酪 90g，糖粉 50g，盐 2g，全蛋液 15g

辅料：全蛋液适量，芝士粉适量

烘焙要点：烤箱 180℃，20 分钟；再 150℃，10 分钟

制作步骤

1. 切达乳酪擦丝备用。

2. 黄油软化加入糖粉和盐打发，再加入鸡蛋液搅拌至完全融合。

3. 加入切达乳酪丝，低速搅拌均匀。

4. 过筛加入低筋粉，揉成光滑面团。

5. 面团搓成直径 2cm 左右的长条，切成 5cm 长的小段，摆在烤盘中。

6. 稍压扁，表面刷全蛋液，撒上芝士粉。

7. 放入预热 180℃的烤箱，烘烤 20 分钟至表面金黄，再调至 150℃ 低温烘烤 10 分钟，出炉。

Tips

① 切达乳酪擦丝时尽量从冰箱拿出便操作，不然发软就比较难操作。

② 搓条切段时尽量粗细长短一致，保证烘烤时的一致性。

③ 揉成面团时不要过度，不然会口感偏硬。

④ 烘烤时表面会出现深色的斑点，是乳酪丝焦化后的结果，属于正常现象。

吃货日志 36

家中有一个小小的玩具厨房，是菲妈朋友在我家丫头不到两岁时送的礼物，小巧的锅碗瓢盆一应俱全，让她很是欢喜。之后经常似模似样地在小厨房里忙来忙去，家中只要有和食材相关的玩具玩偶，都被她拿去烹饪。煎炸炖煮后，装在小盘中端给我们品尝。然后颇专业地站在一旁，一脸的期待。不时说出："香吗？""小心烫啊，刚出锅的"之类的询问和提醒，而我们也乐得陪她演完全程，将心满意足的表情连带饱嗝和称赞一并送给她，换她一脸的灿烂和欢愉。

一次，我问她长大后想做什么，她毫不犹豫地回答："厨师啊。"听得我顿时一脑门子黑线，忙说："有你老爸在，就有你吃的，不必非要当厨师。"丫头歪头想了想："这样啊，那我当医生吧。"我问："为什么？"她大大咧咧地回答道："不为什么，就想当了呗。"大条的神经和跳跃的思维与菲妈如出一辙。不过丫头确实喜欢摆弄家中的厨房用具，尤其是在我做面食的时候更是让她兴奋。所以为了让她真正地参与一次，我们便做了这款苏打饼干，虽然别的地方帮不上忙，但印膜环节她还是可以参与进来的。

原味苏打饼干

我问她长大后想做什么，她毫不犹豫地回答："厨师啊。"听得我顿时一脑门子黑线，忙说："有你老爸在，就有你吃的，不必非要当厨师。"丫头歪头想了想："这样啊，那我当医生吧。"我问："为什么？"她大大咧咧地回答道："不为什么，就想当了呗。"

不过丫头确实喜欢摆弄家中的厨房用具，尤其是在我做面食的时候更是让她兴奋。所以为了让她真正地参与一次，我们便做了这款苏打饼干，虽然别的地方帮不上忙，但印膜环节她还是可以参与进来的。

制作材料

（15 块左右）

主料：中筋粉 100g，黄油 20g，水 30g，糖粉 10g，盐 2g，小苏打 1/8 小勺，
干酵母 1/2 小勺

烘焙要点：烤箱中层，上下火 170℃，20 分钟

制作步骤

1. 黄油隔水加热融化，加入糖粉和盐拌匀后，再加入清水搅拌均匀。

2. 中筋粉混合小苏打和干酵母后，倒入混合液中搅拌均匀。

3. 揉成光滑面团后盖保鲜膜醒发半个小时。

4. 用擀面杖把醒发好的面团擀成厚度 2mm 左右的薄片，并用叉子或者滚针均匀地叉出小孔。

5. 用饼干模切出不同形状的饼干坯，或者直接切成长方形也可以。

6. 烤盘铺油纸，将切好的饼干坯放入烤盘中，盖上一层保鲜膜室温发酵 20 分钟左右，入预热 170℃ 的烤箱，烤制 20 分钟至表面金黄。

Tips

① 面团揉搓得尽量光滑出筋，便于整形。

② 擀开时尽量薄些，便于烤透。

③ 切割完饼干坯后务必再次发酵 20 分钟，不然饼干烤出来密实而不松脆。

④ 如果烤出的饼干内部还未松脆，可以再次放入烤箱调到 150℃左右烤 5 到 10 分钟即可。

温氏秘诀 15

如何做好印模饼干

给孩子做饼干，用各种造型的模具制作印模饼干是不错的选择。目前市面上有两种类型的模具，一种是只有边缘切割的简单模具，一种是带弹簧的边缘切割同时顶部印花的饼干模具。只切边缘的还好，但顶部印花的时候容易让饼干破损。如何能制作出造型完美的印花饼干呢？

① 注意面团的干湿适当。太湿的面团切割时容易粘连，太干的面团擀成面皮时也容易破碎，所以软硬适度的面团是做印花饼干的关键。

② 即便面团软硬适当，有些时候还是会有些粘，可以在面团制作完毕后放入冰箱冷藏半个小时再进行操作。

③ 擀面皮时可以将面团放在保鲜膜中间，这样可以容易地擀成薄片而不粘连，然后将其中的一面撕开附上一层油纸，再调转过来，油纸朝下，再将上面的保鲜膜撕开即可。

④ 如果实在怕粘连，可以在面皮表面附上一层薄粉，用弹簧模具进行表面按压时也不要太大力度，只要保证印花清晰有一定的深度即可，太用劲容易让面团塞进印花的凸凹孔中过于紧实，拔起时容易破裂。

⑤ 转移印好的饼干坯时，可以连同印花模直接提起饼干坯，在烤盘里的相应位置直接将饼干坯推出，防止印完再拿起转移时碎裂。

吃货日志 37

　　菲妈的爱好就是通过各种途径购买有机绿色食品，前段时间又通过某个新疆的微店购入了各种自家晒制的葡萄干、红玛瑙、绿珍珠、黑加仑等等，同时来的还有两瓶自制的蓝莓酱，据说都是亲自熬制，绝无添加。这之后的几天，每晚我们家中老少四口便被她强制配额，每人必须吃掉多少葡萄干、多少混合着酸奶的蓝莓酱等等。初始还好，时间长了开始觉得单调乏味，尤其丫头开始以各种理由搪塞推脱，一会儿说玩一会儿再吃，一会儿又拍着肚子说自己晚饭吃太多，肚子还撑着等等，搞得菲妈配额政策难以继续推行。

　　于是我出主意说，要不用这些材料烤些点心吧。一直对菲妈强塞硬派皱眉不已的丫头，听到点心俩字立马两眼放光："爸爸，咱们烤什么点心呢？饼干？面包？不过这么多材料，怎么烤啊！"说着又愁了起来，边掰着指头边嘟囔着数着："葡萄干，酸奶，蓝莓酱，这怎么放在一起做啊！"我笑着说："这怎能难住你爹？咱们用来做麦芬吧！""麦芬？"丫头疑惑地说，"爸爸，啥是'麦芬'啊？是'卖菜'的'卖'吗？"我脸一黑。丫头又开始浮想联翩，从蛋糕的名字居然想到了卖菜。我忙接过她的话头说道："麦芬是一种小蛋糕，就是平常我给你做的纸杯蛋糕，明白了么？""哦，这样啊！"丫头恍然大悟，脸上立刻现出兴奋的神情，"爸爸，我和你一起做吧，我来往纸杯里挤糊糊好么？"说着不管我同意不同意，丫头已经飞快地跑到卫生间搬出她的垫脚凳到厨房里，忙不迭地喊道："爸爸，快过来啊，我们开始做麦芬吧，'卖菜'的'卖'，'一分钱'的'分'，麦分麦芬！耶耶耶！"得，我家丫头又开始发神经了。

酸奶黑加仑麦芬

　　菲妈的爱好就是通过各种途径购买有机绿色食品，前段时间又通过某个新疆的微店购入了各种自家晒制的葡萄干、红玛瑙、绿珍珠、黑加仑等等。这之后的几天，每晚我们家中老少四口便被她强制配额，每人必须吃掉多少葡萄干、多少混合着酸奶的蓝莓酱等等。初始还好，时间长了开始觉得单调乏味，尤其丫头开始以各种理由搪塞推脱。

　　于是我出主意说，要不用这些材料烤些点心吧。丫头听到点心俩字立马两眼放光。（接着）又愁了起来，边掰着指头边嘟囔着数着："葡萄干，酸奶，蓝莓酱，这怎么放在一起做啊！"我笑着说："这怎能难住你爹？咱们用来做麦芬吧！"

制作材料

（7个小纸杯）

主料：低筋粉 100g，黄油 60g，全蛋液 30g，细砂糖 30g，原味酸奶 80g，黑加仑果干 40g，朗姆酒 1 大勺，盐 1/4 小勺，小苏打 1/4 小勺，泡打粉 1/2 小勺，蓝莓酱少许

烘焙要点：烤箱中层，上下火 180℃，25 分钟

制作步骤

1. 黑加仑果干去蒂洗净晾干切碎，加一大勺朗姆酒浸泡10分钟。

2. 黄油室温软化，加入细砂糖和盐打发。

3. 多次少量加入全蛋液，每次打至融合后再加下一次，最后成细腻奶油糊状。

4. 加入酸奶搅打至融合。

5. 小苏打和泡打粉与低筋粉拌匀，过筛加入黄油糊中。

6. 用刮刀切拌成均匀湿润的面团。

7. 加入浸泡好的黑加仑果碎，与面团切拌均匀。

8. 纸杯模放在烤盘中，挤入面糊至八分满。

9. 蛋糕糊上加入少许蓝莓酱。

10. 用小叉轻轻按入面糊中。

11. 将烤盘放入预热 180℃的烤箱中层烘烤 25 分钟，
至表面变色拿出。

Tips

① 此款麦芬由于加入了很多酸奶，口感微酸清爽，不喜欢的可以将酸奶减量，或者用牛奶替代。

② 不喜欢朗姆味道的可以将黑加仑直接洗净切碎放入其中。

③ 最后一步的蓝莓酱可以不放，加入后会让口感更加清爽。

吃货日志 38

　　一天下班，丫头神秘兮兮地跑到我的面前说道："爸爸，你是不是又要做生日蛋糕了？"我一愣，问道："为啥这么说呢？"丫头回答道："因为外婆要过生日了啊！"我一拍脑袋，想起岳母的生日的确和丫头离得很近，忙翻了一下日历，可不，还有一个礼拜就要到了。丫头撇着嘴，不满地说道："爸爸，你是不是忘了啊？"我打着哈哈道："不会，哪能呢！"丫头又开始发挥她碎碎念的本事："爸爸，那你开始买做蛋糕的材料了吗？你要做什么蛋糕呢？我和妈妈的生日你做蛋糕，外婆的也一定要做哦，一定记得哦！"我一阵地头大："好了好了，我记住了！"然后翘起大拇指，对丫头赞叹道："不错哦，看来外婆没白疼你，还记得外婆的生日！"丫头小脸儿一扬，得意地说道："对啊，我肯定记得呢！"说着用着小膀子蹦跳着离开。接着，我隐隐地听见小丫头边走边嘻嘻笑着小声嘀咕："欧耶，又可以吃蛋糕喽！"我恍然大悟，看来这才是她催促我做蛋糕的最直接的目的了。

轻乳酪生日蛋糕

"爸爸，你是不是又要做生日蛋糕了？"我一愣，问道："为啥这么说呢？"丫头回答道："因为外婆要过生日了啊！"丫头又开始发挥她碎碎念的本事："爸爸，那你开始买做蛋糕的材料了吗？你要做什么蛋糕呢？我和妈妈的生日你做蛋糕，外婆的也一定要做哦，一定记得哦！"我一阵地头大："好了好了，我记住了！"丫头甩着小膀子蹦跳着离开，边走边嘻嘻笑着小声嘀咕："欧耶，又可以吃蛋糕喽！"我恍然大悟，看来这才是她催促我做蛋糕的最直接的目的了。

制作材料

（6寸圆模）

主料： 奶油芝士 125g，鸡蛋2个，淡奶油 50g，酸奶 75g，低筋粉 35g，细砂糖 40g

烘焙要点： 水浴法（将调好的蛋糕糊倒入模具后，将模具放在烤盘上，烤盘中注入一定的热水），烤箱
下层，上下火150℃；1小时10分钟，升温到170℃，再20分钟（上色）

制作步骤

1. 奶油奶酪室温软化，加入淡奶油和酸奶，搅拌均匀至细腻糊状（无小颗粒）。

2. 蛋黄蛋白分开，蛋黄加入奶酪糊中。

3. 蛋黄和奶酪糊搅拌均匀。

4. 过筛加入低筋粉，上下切拌均匀无粉块，放入冰箱冷藏至浓稠糊状（也可以用打蛋器短时间搅打至均匀，时间不要过长）。

5. 蛋清分次加入细砂糖打至湿性发泡。

6. 三分之一打发蛋清放入奶酪糊中切拌均匀。

7. 回倒入剩余的打发蛋清中切拌均匀,蛋糕糊成细腻浓稠糊状。

8. 6寸圆模底部裹上锡纸并在周边涂抹黄油,如果是活底模在底部周边也要包裹住锡纸,将奶酪糊倒入(为了防止漏水一般我都裹3层)。

9. 裹好锡纸的蛋糕模放入装满凉水的深盘中,水面尽量高些,放入预热150℃的烤箱下层。

10. 先用150℃烘烤1小时10分钟左右,再升温至170℃烘烤20分钟至表面上色拿出。

11. 简单地用抹茶粉以及手指饼干进行装饰,一个小小的生日蛋糕就完成了。

Tips

① 搅拌奶酪糊时,务必搅拌成细腻糊状,注意不要留有小颗粒,不然烘烤时蛋糕表面会出现深色斑点。虽然可用料理机来混合,但最后很难弄出,所以也可以在室温软化后用打蛋器来搅打。

② 与蛋白混合前的奶酪糊必须粘稠细腻,如果是软化后搅拌奶酪糊的,务必在筛入低筋粉搅拌均匀后回冰箱冷藏至浓稠。

③ 蛋清不要打过,不然烘烤时容易开裂。

④ 为了不让蛋糕开裂,最保险的办法就是凉水水浴加低温烘烤,在内部基本成熟之后,再提高温度给表面上色。

温氏秘诀 16

做好轻乳酪蛋糕的秘诀

① 打发蛋白的时候不要打过，湿性发泡即可。

② 水浴的深度要足够，基本要在蛋糕糊上的 2—3cm 左右，保证受热均匀。

蛋糕模放置的位置要在烤箱底层，防止蛋糕糊顶层距离发热管过近，造成局部受热过高，引起开裂。

③ 烘烤过程中补充 2 到 3 次凉水，保证烤箱中足够的湿度。

④ 低温烘烤至成熟（我一般选用 150℃ 烤制 1 小时左右至成熟，此时表面未变色，再上调温度至 170℃ 烤 20 分钟，期间密切注意轻乳酪蛋糕的膨胀程度以及表面上色程度，如果达到上色预期后立即拿出）。

吃货日志 39

　　上了幼儿园的丫头，对于节日的期待感迅速显现并膨胀，如我们儿时一般，期盼着好吃的，好玩儿的，以及各种惊喜。距离圣诞节还有两个月时，丫头便开始整日缠着我，不断地追问或是提醒："爸爸，还有几天圣诞节啊？""爸爸，圣诞节会下雪吗？""爸爸，圣诞节的礼物到时候由我来发好吗？""爸爸，圣诞节别忘了给我买拐棍儿糖啊！"

　　孩子的期盼，单纯而美好，没有丝毫杂念，让我们久行于社会沾染的圆滑世故都消散许多。索性放下身心的各种负担，让心情也跟着调动起来，不断的用实际行动或是话语激发着她的兴奋，让她猜测涉及节日的礼物和惊喜，或者不断的提醒她距离节日还有多长时间等等，有些邪恶，又有些童真。

　　这次的圣诞节，我提前一个月就开始策划准备，生怕这期间工作的变动影响进程，购买圣诞树以及丫头的圣诞服装等一身行头，菲妈，菲外婆和菲以及邀请的小朋友的圣诞礼物，还有就是节日需要准备的蛋糕饼干等等。这次的拐棍饼干便是其中一种，取代了她一直叨念的拐棍糖，也让她无比高兴。只是在制作的过程中方子的各种不靠谱，让我在尝试一次失败后才在平安夜前一天成功，算是赶上了节日的需求。加上一个创意款的圣诞蛋糕，更是让丫头兴奋不已。

圣诞拐棍饼干

距离圣诞节还有两个月时，丫头便开始整日缠着我，不断地追问或是提醒：

"爸爸，还有几天圣诞节啊？"

"爸爸，圣诞节会下雪吗？"

"爸爸，圣诞节的礼物到时候由我来发好吗？"

"爸爸，圣诞节别忘了给我买拐棍儿糖啊！"

制作材料

主料： 黄油 40g，糖粉 25g，全蛋 20g，低筋粉 77g，抹茶粉 3g

烘焙要点： 烤箱中层，180℃，20 分钟

制作步骤

1. 黄油室温融化，加入糖粉搅拌均匀，再加入全蛋液搅拌均匀。

2. 将黄油混合物分成均匀两份，一份加入 40g 低筋粉搅拌成均匀的白色面团。

3. 另一份加入 37g 低筋粉和 3g 抹茶粉搅拌成绿色面团。

4. 白色面团和绿色面团分别搓成 4g 一个的小圆球备用（如果有些粘手可以放入冰箱冷藏半个小时）。

5. 取一个白色小面团搓成长度七八厘米的长条，另外再取一个绿色的面团同样操作，和白色的并在一起。

6. 两个不同颜色的长条拧在一起成麻花状。

7. 用手将麻花条搓成 15cm 左右的光滑长条。

8. 首尾端切齐后放入垫有锡纸的烤盘中整形成拐杖模样。烤箱预热 180℃，把整形好的饼干坯放入烤箱中层烤制 20 分钟稍变色即可。

Tips:

① 如果打发黄油，口感会更松脆些，但这样的话容易碎，不便于保持形状分给小朋友。

② 面粉的量一定要合适，第一次就是由于配方中的面粉量过少，导致操作时面团太软，很难成形。

③ 卷麻花时一定注意多卷几圈，不然再搓成长条时花纹不好看。

吃货日志 40

　　晚上睡觉前，喊来丫头一起刷牙。这也是家中的老传统，她刷牙的时候必须有我或者菲妈一人相陪，不然她且要磨叽着不肯上床。我们一起刷完牙漱完口，龇着牙照着镜子。"爸爸，你说咱俩谁的牙白？"丫头明知故问。"当然是你了，爸爸小时候不好好刷牙，现在牙就黄黄的。"丫头开心地笑了。看着小丫头依然得意地照着牙齿，感觉这场景像极了白雪公主里面恶毒皇后和魔镜对话的桥段。于是，我忍不住开始打击她："不过小皇后，爸爸从来没有生过蛀牙，你就有过。如果不好好刷牙的话，不仅牙齿会变得和我一样黄，还会有牙虫把你的牙齿嗑坏哦。""我知道了，"丫头答道，"不过，爸爸，我发现你什么比我白了。"我问："什么？""你的头发比我白。"丫头发现新大陆似的指着我的脑袋兴奋地说道。至此，我终于发现了丫头作为补刀手的无穷天分与强大潜质。

　　的确，菲妈在孕期虽然没有吃太多的坚果，但菲儿出生后头发却依然乌黑浓密，和菲妈一样。看来万事也非绝对，基因的力量还是占据着主导地位。为了让这娘儿俩的头发一直乌黑亮丽下去，这次便做了酥香无比的核桃酥饼，来表达对两个女人的无比热爱，以及对我未满四十便少白已久的哀思寄托。其实这款只是大众切片饼干的变种，只须在正常的切片饼干中加入大量的坚果碎即可，杏仁，榛子，核桃，花生，喜欢什么放什么，随意得很。这次我选择了核桃，烤熟之后切碎，然后吹去核桃皮，以免影响口感。味道非常棒，菲妈母女直呼好吃，一块块地拿了吃，不到一天，便被消灭得干干净净。

核桃酥饼

"爸爸，你说咱俩谁的牙白？"

"当然是你了，爸爸小时候不好好刷牙，现在牙就黄黄的。"

"不过，爸爸，我发现你什么比我白了。"

"什么？"

"你的头发比我白。"

至此，我终于发现了丫头作为补刀手的无穷天分与强大潜质。

为了让这娘儿俩的头发一直乌黑亮丽下去，这次便做了酥香无比的核桃酥饼，来表达对两个女人的无比热爱，以及对我未满四十便少白已久的哀思寄托。

制作材料

（25 块左右）

主料： 低筋粉 170g，黄油 65g，熟核桃碎 70g，全蛋液 35g，细砂糖 35g，泡打粉 1/2 小勺

烘焙要点： 烤箱中层，180℃烤 25 分钟，之后再焖 10 分钟

制作步骤

1. 生核桃放入烤箱 180℃烤 15 分钟后晾凉切碎，吹去核桃皮备用。

2. 黄油室温软化后加入细砂糖打发。

3. 分多次加入全蛋液并充分打发。

4. 泡打粉和低筋粉混合均匀后过筛入黄油中，同时加入核桃碎。

5. 用刮刀上下切拌均匀成面团。

6. 将面团放在保鲜膜上，整形成宽 6cm、高 3cm 左右的长条。

7. 用保鲜膜裹好，放入冰箱冷冻45分钟至面团变硬，拿出后切割成0.8cm左右的薄片。

8. 烤箱预热180℃，将烤盘放入烤箱中层，烘烤25分钟左右至表面变色，再焖制10分钟后拿出。

Tips

　　成品饼干应该是色泽淡黄且口感酥脆，透着浓浓的核桃香味，如果发现里面仍有夹心发软，可以回炉150℃低温烘烤十几分钟，直到内部同样酥脆即可。

吃货日志 41

　　小的时候，家中的零食并不多，主要是一些糖果以及玉米做成的爆米花等。偶尔父亲进城办事回来，也会带回些小吃食给我们以惊喜，彩色的糖豆、口哨糖、小饼干……其中造型各异的动物饼干最受我们欢迎。拿到手中，并不舍得马上吃掉，先是挑出不同动物造型的饼干摆在桌上，脑中构建着各种想象的场景，旁若无人地叨念着扮演不同的角色，最后才一口口地吃掉。每一片饼干，都被儿时的我赋予了不同的生命与故事，只是结局相同，都进入了我的腹中，化作一份美好。这就是儿童的天性，想象力天马行空，无拘无束。

　　恰逢六一，看着丫头拿到我们买的礼物时欢呼雀跃的激动，忍不住也和她说起我儿时的那些关于礼物的记忆。当她听到我讲起自己儿时神叨叨地拿着饼干编造故事的场景，被逗得哈哈大笑："爸爸，你也给我做些饼干吧，到时咱俩一起玩儿，怎么样？"她一边说着，一边凑过来期待地看着我，一脸的兴奋。我说："好吧，不过你要来帮我印模哦。""好的，好的。"她紧着点头，忙不迭地将垫脚凳搬到厨房，一副跃跃欲试的样子。于是，这款简单的黄油小饼干就在我们父女俩的合作下完美诞生。

黄油小动物饼干

　　小的时候，家中的零食并不多，其中造型各异的动物饼干最受我们欢迎。拿到手中，并不舍得马上吃掉，先是挑出不同动物造型的饼干摆在桌上，脑中构建着各种想象的场景，旁若无人地叨念着扮演不同的角色，最后才一口口地吃掉。

　　恰逢六一，看着丫头拿到我们买的礼物时欢呼雀跃的激动，忍不住也和她说起我儿时的那些关于礼物的记忆。

　　"爸爸，你也给我做些饼干吧，到时咱俩一起玩儿，怎么样？"

　　"好吧，不过你要来帮我印模哦。"

　　"好的，好的。"

　　于是，这款简单的黄油小饼干就在我们父女俩的合作下完美诞生。

制作材料

（25 块左右）

主料：黄油 75g，糖粉 30g，蛋黄 1 个，低筋粉 120g，盐 1/8 小勺

烘焙要点：180℃烤 10 分钟至表面微微变色

制作步骤

1. 黄油软化，加入糖粉和盐，打散搅拌均匀（不需要打发）。

2. 加入蛋黄，继续搅拌均匀。

3. 过筛加入低筋粉，和成均匀光滑面团。

4. 放入冰箱冷藏 30 分钟，擀成厚 3mm 左右的薄片。

5. 用饼干模子印出各种动物的图案。

6. 小心地移到铺有油纸的烤盘中，烤箱预热 180℃，烤 10 分钟左右至边缘变色拿出晾凉。

Tips

① 黄油打发也可以，成品口感更酥松，但容易碎。

② 盐一定要用细盐，不然影响口感。

③ 印造型时一定要小心，可以在活动模子中拍些生粉。

④ 火候控制一定要小心，饼干边缘微黄即可，不然颜色过深影响美感。

温氏秘诀 17

如何选择黄油

黄油在烘焙中用得最为广泛，超市中各种黄油产品也是琳琅满目。

➊ 选择时注意不要选择植脂黄油，植脂黄油属于氢化油，含有大量的反式脂肪酸，且添加了香精，使其味道近似天然动物黄油，价格便宜且在制作某些点心时容易操作，但对人的身体没有好处。

➋ 一定严格注意黄油的保质期，目前我们使用的黄油大部分为进口黄油，保质期一定要特别注意，防止买到过期食品。

➌ 制作大部分糕点时的黄油最好选用块状黄油，片状黄油多数是用来夹食面包，或者做起酥皮时使用。

➍ 如果不是特殊要求，要选择无盐黄油来做日常烘焙，一般英文标注为"Unsalted Butter"，有盐黄油一般用于涂抹食物。

➎ 建议选择大品牌的黄油，虽然价格贵些，但吃得相对放心，例如"总统""安佳""威尔士"等。

吃货日志 42

六一节的前两日，丫头所在幼儿园组织小朋友郊游，需要一名家长陪同参加。想来自打换了新的工作，闲暇时间少了很多，陪她的时间自然随之缩水，于是趁这个机会，自告奋勇地报名陪她。丫头得知后，自是兴奋不已，抱住我的脑袋连啃带亲，弄得我一脸的口水。

既然是郊游，就要有郊游的模样。于是我带着丫头，按照我小时候郊游的标准，大肆采购各种吃食，什么面包香肠小零食，足足弄了一大包，自己的劲头也似乎随着这次郊游成功被挑动起来，兴奋感隐隐有压过姑娘的势头。惹得小人儿不住地撇嘴："爸爸，你是小孩儿啊，不就是郊游嘛！"丫头这利嘴，损了我一脑门子汗……

为了进一步笼络小丫头的芳心，我决定做些漂亮的小饼干包装起来，由她分给自己的好朋友。这款小巧的巧克力杂果酥，算是自创，无论大小形态、颜色搭配还是口味，都是针对三五岁的孩子量身定做。春游当天，这款小饼干受到丫头班里小朋友的一致好评，以至于春游过后，依然还有人向她索吃这款小饼干。

缤纷杂果酥

丫头所在幼儿园组织小朋友郊游，需要一名家长陪同参加。趁这个机会，（我）自告奋勇地报名陪她。

为了进一步笼络小丫头的芳心，我决定做些漂亮的小饼干包装起来，由她分给自己的好朋友。这款小巧的巧克力杂果酥，算是自创，无论大小形态、颜色搭配还是口味，都是针对三五岁的孩子量身定做。春游当天，这款小饼干受到丫头班里小朋友的一致好评，以至于春游过后，依然还有人向她索吃这款小饼干。

制作材料

（30 块左右）

主料：低筋粉 100g，细砂糖 30g，黄油 50g，全蛋液 15g，泡打粉 1/4 小勺，

小苏打 1/8 小勺，盐 1/8 小勺，杂果碎 80g

辅料：白芝麻适量，各色巧克力适量

烘焙要点：180℃烤 20 分钟

制作步骤

1. 黄油融化，加入糖和盐搅拌均匀。

2. 低筋粉过筛加入黄油中，并加入杂果碎（可以买混合装的熟杂果用擀面杖碾碎）。

3. 用刮刀上下切拌成均匀面团。

4. 取一小块搓成小球，表面粘上熟芝麻。

5. 烤盘中铺油纸，将小球放在上面，用手指在中间戳一个小坑。

6. 烤箱预热 180℃烤制 20 分钟至表面金黄、里外酥脆拿出。

7. 将各色巧克力放入裱花袋，隔水融化。

8. 裱花袋剪小口，挤入适量巧克力液到烤好的饼干中间小坑内。

9. 在巧克力凝固前撒上各色装饰，冷却凝固即可。

Tips

① 由于坚果碎用的量比较大，所以在戳小坑时容易裂开，尽量用手拢一下，以便整形。

② 烤制时长根据小球的大小适量增减，只要表面金黄即可拿出，我差不多烤制了 30 个，个子很小，便于分给小朋友。

③ 选择巧克力时尽量选用天然可可脂含量较高的，好吃且健康。

④ 坚果碎可以根据自己的喜好调整成花生、芝麻、腰果等等，我比较喜欢混合的味道。

⑤ 芝麻一定事先炒熟，这样出来的成品香味十足。

吃货日志 43

　　自上次幼儿园春游，丫头带了家中自制的杂果酥分给同班小朋友而备受好评后，与好朋友分享家中的各色小点心成了她乐此不疲的事情。如果头天晚上我烤了饼干或是蛋糕，她早晨上学前都会郑重其事地竖起指头嘱咐着岳母：在放学接她时，一定记着带上家中的点心，以便分给和她放学一起玩的好朋友。临走还不忘掰着指头计算着数量，生怕落了一个。

　　不得已，我也只能勤劳些，趁着下班后的时间，隔三差五地烘焙各色的饼干或者小蛋糕。个头尽量小巧，省得孩子们吃起来没够影响正餐的食欲。这款巧克力花生饼干，加入了幼滑花生酱和烘焙巧克力豆，搭配起来的口味也是不错，小朋友一人一块也不多，权当广场上疯玩之后的能量补充。

巧克力花生饼干

　　自上次丫头带了家中自制的杂果酥分给同班小朋友而备受好评后，与好朋友分享家中的各色小点心成了她乐此不疲的事情。

　　不得已，我也只能勤劳些，趁着下班后的时间，隔三差五地烘焙各色的饼干或者小蛋糕。个头尽量小巧，省得孩子们吃起来没够影响正餐的食欲。这款巧克力花生饼干，加入了幼滑花生酱和烘焙巧克力豆，搭配起来的口味也是不错，小朋友一人一块也不多，权当广场上疯玩后的能量补充。

制作材料

（25 块左右）

主料：低筋粉 100g，黄油 65g，全蛋液 30g，细砂糖 30g，熟花生碎 30g，
　　　幼滑花生酱 120g，烘焙巧克力豆 40g，小苏打 1/4 小勺

烘焙要点：烤箱中层，上下火，180℃烤 20 分钟

制作步骤

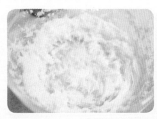

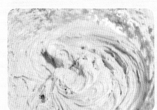

1. 黄油软化，加入细砂糖打发至发白蓬松。

2. 分次加入蛋液搅打均匀，与黄油完全融合，呈细腻蓬松状态。

3. 加入幼滑花生酱搅打均匀。

4. 小苏打与低筋粉混合均匀，过筛加入，同时加入熟花生碎和巧克力豆。

5. 用刮刀上下切拌成均匀面团。

6. 取小块面团，团成小球用手压扁，放入烤盘中层。上下火预热 180℃，将烤盘放入，烘烤 20 分钟左右拿出晾凉即可。

Tips

① 面团不要过度搅拌，混合均匀成团即可。

② 花生碎也可以再多放些，味道更加浓郁。

③ 如果不加巧克力和花生碎，也可以用印花模印出各种饼干的图案，也很漂亮。

吃货日志 44

　　一日下班回家，看见丫头正趴在垫子上认真地画画，连我进门喊她都未应声。我走过去一看，见她正在纸上画着各种颜色的螺旋形状的线条。我问道："闺女，你这是画的什么？"丫头抬起头，神秘地一笑，说道："你猜？"其实我的心里早已有了答案，最近丫头迷上了猪猪侠，看她这画的满眼螺旋线，十有八九是棒棒糖。于是我故意皱眉道："是……太阳？""哈哈，不是！"丫头得意地大声说道，"再猜！""是皮球？"我又猜道。"也不是！"丫头得意地拿起那幅画给我展示着说道，"爸爸，你再好好看看，甜甜的，五颜六色的，我最喜欢的，你说是什么？""哦，"我佯作明白状喊道，"是棒棒糖！""对啦！"丫头对我翘起了大拇指说道，"我画的全是棒棒糖！对了，爸爸，你会做这种棒棒糖么？"就猜到丫头最后肯定会有此一问，于是我说道："做起来应该不难，不过需要买很多材料，而且这五颜六色的棒棒糖里肯定有色素，对身体可不好哦！""我知道！"丫头有些丧气地说道，"可是这种一圈圈的棒棒糖看着就让人很馋嘛！"我见丫头依然对棒棒糖念念不忘，于是说道："这样吧，爸爸给你做一种一圈圈的夹心饼干怎么样？也和棒棒糖一样漂亮哦！"丫头抬起头好奇地问："一圈圈的？饼干也能一圈圈的？好啊好啊，那你做给我吃吧！"说着又开始高兴起来，一副馋馋的憧憬模样。

　　其实这款饼干最初我也未有成熟的想法，只是见她喜欢螺旋棒棒糖，便想到做饼干将面皮卷起来也可做成类似的模样，就看其中夹什么食材了。于是查看家中所剩材料，冰箱中还剩一些岳母做的芝麻核桃（岳母经常会制作一些熟芝麻核桃和白

核桃芝麻夹心饼干

"闺女，你这是画的什么？"

"你猜？"

于是我故意皱眉道："是……太阳？"

"爸爸，你再好好看看，甜甜的，五颜六色的，我最喜欢的，你说是什么？"

"哦，"我佯作明白状喊道，"是棒棒糖！"

"对啦！我画的全是棒棒糖！对了，爸爸，你会做这种棒棒糖么？"

"做起来应该不难，不过需要买很多材料，而且这五颜六色的棒棒糖里肯定有色素，对身体可不好哦！这样吧，爸爸给你做一种一圈圈的夹心饼干怎么样？也和棒棒糖一样漂亮哦！"

"一圈圈的？饼干也能一圈圈的？好啊好啊，那你做给我吃吧！"说着又开始高兴起来，一副馋馋的憧憬模样。

糖拌在一起直接食用），于是就随机设计了这款核桃芝麻夹心饼干，加以简单地加工造型，最后的成品让迷恋螺旋棒棒糖形状的丫头初见便觉惊艳，大大地欢喜一番，之后便迅速地被她吃进腹中。看来对我家的馋嘴丫头来说，视觉的美丽永远比不过口腹需求来得实在。

制作材料

主料： 低筋粉 160g，蛋清 25g，黄油 60g，细砂糖 30g，泡打粉 1/4 小勺

辅料： 芝麻 18g，核桃 18g，细砂糖 4g，椰蓉 5g

烘焙要点： 烤箱中层，上下火 180℃，20 分钟

制作步骤

1. 芝麻核桃炒熟碾碎，加入细砂糖。

2. 用料理机打成粉后拌入椰蓉，制成馅料。

3. 黄油分次加砂糖打发至发白轻盈。

4. 分次加入蛋清后继续打发至轻盈奶油糊状。

5. 泡打粉和低筋粉混合均匀，过筛加入黄油糊中。

6. 用刮刀切拌均匀成面团。

7. 用保鲜膜包住面团，用手按扁并用擀面杖擀成长方形面皮，厚度约 2-3mm，切去不规整边缘。

8. 均匀撒上馅料（由于核桃和芝麻中有油脂，馅料有些黏，用手略微捻开即可），并覆盖所有面皮。

9. 从一端慢慢卷起（面团比较软，容易碎，要小心），直到卷起整个面饼。

10. 用手再次捏紧并整形成长条状（其他形状也可以，如圆形），并用保鲜膜卷起，小心地放入冰箱冷冻室30分钟。

11. 拿出冻硬的面团，切成厚度6mm左右的饼干坯，摆放在烤盘中。

12. 烤箱预热180℃，烤盘入烤箱中层烤制20分钟至饼干变色即可。

Tips

① 面团比较软，操作时一定注意不要弄碎，尤其在卷制的过程中，如果有碎裂情况可用手捏一下再继续卷。

② 馅料的量可以再大些，我第一次做所以没放太多。

③ 饼干在烤制20分钟后可以再调至150℃焖5分钟后拿出，会更酥脆。

温氏秘诀 18

如何保存熟坚果

　　熟坚果一般比较干燥，而且吸湿性强，容易吸收异味，所以在保存时需要注意以下几点：

　　❶ 一定要存放在干燥阴凉的地方，而且最好密封保存，如果不喜欢用塑料袋或者塑料瓶的话，就用玻璃的密封瓶保存，必要时在里面放一个小茶叶包用于干燥。

　　❷ 如果是购买的真空保存的坚果，开袋后要尽快食用完毕，或者按照上述方法保存起来，不要继续装在原包装袋中。

　　❸ 如果还需要保存更长的时间，可以在完全密封后放入冰箱冷藏或者冷冻，可以适当延长保质时间。

　　❹ 由于坚果油性大，如果放置时间过长也会产生有害物质，所以建议购买后还是要尽快食用完毕。

吃货日志 45

一直以来，我都执拗地认为，生活中少了烹饪，便不再完美。有如此想法，或多来源于儿时对家庭的记忆。脑海中，儿时幸福与快乐的印象，大多伴着家中的袅袅炊烟与母亲厨房中忙碌的身影，让人安心与温暖。

对于执着于此念的我来说，入手烹饪或烘焙并不是一件多难的事情，一口锅，一个烤箱，加上自己的亲手实践，调整出适合的口味与配方，很快便能做出属于自己和家人的各色美食和点心。只是烹饪和烘焙，我所喜好的这两样儿都是耗时的活儿，有时需要连续忙上一两个小时而不得歇。如今工作繁忙，时间本就不多，只能充分利用各种空当见缝插针式地操作，借以放松紧绷的神经，顺便抚慰一下家中的大小女人。如此一来，必须提前做好计划或进行构思，节约一切可能节约的时间。

比如这款葡萄干蛋黄酥，不是自己原创，只是从网络中翻找出来，看对了眼。结合家中菲妈购买的大把优良葡萄干的实际情况，以及小丫头苦于菲妈强制每日多少葡萄干的配额而抱怨单调的原因，便决定回家尝试。事先将配方原料步骤牢记于心，心中虚拟演练几遍后觉得无任何遗漏之处，便开始厨房实操。好在其步骤简单且不耗时，对我这种记忆力逐步衰退奔入中年的煮父来说并不是难事，只是根据菲妈母女的口味稍作改良，减少了糖的用量，味道同样很是不错。

葡萄干蛋黄酥

一直以来，我都执拗地认为，生活中少了烹饪，便不再完美。对于执着于此念的我来说，入手烹饪或烘焙并不是一件多难的事情，一口锅，一个烤箱，加上自己的亲手实践，调整出适合的口味与配方，很快便能做出属于自己和家人的各色美食和点心。比如这款葡萄干蛋黄酥，不是自己原创，只是从网络中翻找出来，看对了眼。结合家中菲妈购买的大把优良葡萄干的实际情况，以及小丫头苦于菲妈强制每日多少葡萄干的配额而抱怨单调的原因，便决定回家尝试。

制作材料

主料：低筋粉 180g，蛋黄 3 个，奶粉 10g，黄油 80g，细砂糖 30g，葡萄干 80g

表面刷液：蛋黄半个

烘焙要点：烤箱中层，上下火，180℃，15 分钟

制作步骤

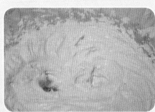

1. 黄油软化加入砂糖打发至体积蓬松，颜色变浅。

2. 分次加入蛋黄并搅拌均匀。

3. 筛入低筋粉、奶粉以及切碎的葡萄干，用刮刀上下切拌均匀，揉成均匀面团。

4. 将面团按扁并擀成厚度大约 1cm 的片状。

5. 切去周边不规则部分，再用刀切成 3cm 左右的小块。

6. 烤盘铺锡纸，将饼干坯摆入烤盘中。

7. 表面刷上蛋黄液，入预热 180℃的烤箱中层，上下火烘烤 15 分钟至表面金黄拿出。

Tips

① 葡萄干清洗后尽量将水沥干，或者用吸油纸吸干水分。

② 这款点心口感酥松，如果放凉后口感偏软，可以回火 150℃烤 10 分钟。

③ 由于葡萄干本身就甜，大家可以依据我的糖量酌情减少，我家菲妈反映此配方口感依然很甜。

吃货日志 46

　　转眼快到丫头的生日，我又要提前筹划制作丫头的生日蛋糕，于是问她："闺女，你今年过生日想吃什么样的蛋糕？爸爸要提前准备材料了。""欧耶！又要吃生日蛋糕了！"丫头的兴致立马被调动起来，"吃什么样的呢？我想想啊……巧克力的？奶油的？还是奶酪的？都有可以么，爸爸？"我顿时头大，忙说道："丫头，咱要求简单点儿行不？这要求太多了！""等等，我再想想。"我突然想到今年初给菲妈同事的孩子做的巧克力转印大白的蛋糕："有了，爸爸可以用巧克力转印和奶油装饰蛋糕，然后蛋糕坯做成乳酪蛋糕怎么样？"我的情绪也被调动起来，顿觉技痒。"巧克力转印？这是什么，爸爸？"丫头好奇，歪着脑袋问道。"巧克力转印就是用巧克力画出你喜欢的画，用来放在蛋糕上装饰，也是可以吃的哦。"我给她解释道。"就像前天你给妈妈同事的孩子做的大白蛋糕一样么？"丫头的时间观念很是混乱，只要是今天之前的时间，都统称为前天。"对啊，那个大白就是用巧克力转印做出来的，不过那是几个月以前了，闺女。"我说道。"好啊好啊，爸爸，那你给我做小猪佩奇的吧！"丫头兴奋地说道，完全忽略我关于时间的解释。"我要把猪爸爸、猪妈妈、佩奇和乔治都放到上面，行么爸爸？"我一脸无奈道："闺女，咱们就做个6寸小蛋糕，这么多人可放不上去，只能放佩奇的。""好吧，那我来挑图案。"丫头退了一步说道，"爸爸，咱俩赶紧找图案吧，不然该做不完了。"

　　于是和丫头商量好图案后，我开始采买各色的巧克力币，提前启动制作转印部分。哪承想佩奇图案虽然线条简单，但想调成和图案一致的颜色，还真花了些心思，看来没有些许的绘画功底，做起这种转印图案还是要费一番周折。好在第二次制作巧克力转印，有了第一次的经验积累，这次还算成功。最后烘烤了轻乳酪蛋糕，配

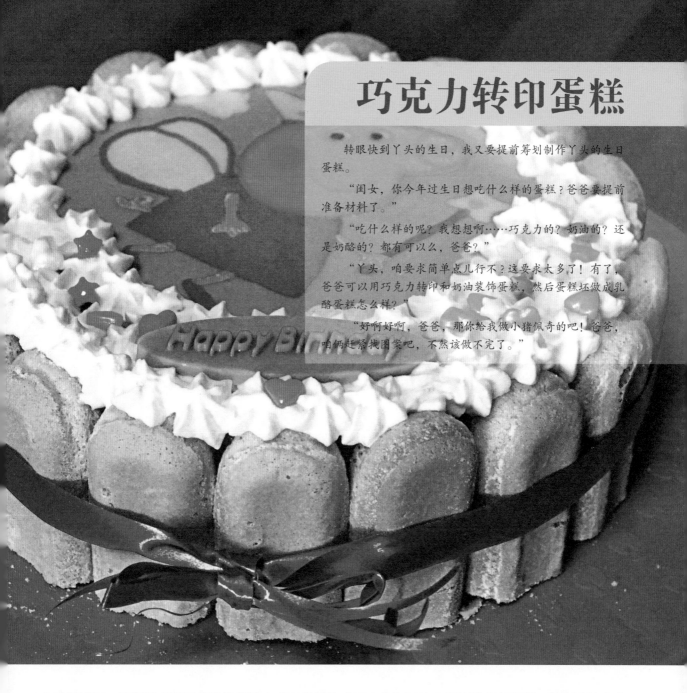

巧克力转印蛋糕

转眼快到丫头的生日，我又要提前筹划制作丫头的生日蛋糕。

"闺女，你今年过生日想吃什么样的蛋糕？爸爸要提前准备材料了。"

"吃什么样的呢？我想想啊……巧克力的？奶油的？还是奶酪的？都有可以么，爸爸？"

"丫头，咱要求简单点儿行不？这要求太多了！有了，爸爸可以用巧克力转印和奶油装饰蛋糕，然后蛋糕坯做成乳酪蛋糕怎么样？"

"好啊好啊，爸爸，那你给我做小猪佩奇的吧！爸爸，咱俩赶紧找图案吧，不然该做不完了。"

合手指饼干、转印佩奇以及些许的奶油完成了最后的成品，作为丫头5周岁的生日蛋糕，着实让她小小地兴奋了一把。只是丫头依然发挥口腹之欲大于审美要求的特点，对着蛋糕惊叹不过几秒钟，便开始催促着切蛋糕，狼吞虎咽地吃起来。看得我是心疼加肉疼，制作两小时，吃了5分钟，绝对一点都不为过！

制作材料

主料： 粉色巧克力币 8 枚，白色巧克力币 5 枚，红色巧克力币 3 枚，黄色巧克力币 2 枚，
黑色和绿色各 1 枚，蓝色 10 枚

制作工具： 文件夹，图纸，夹子

制作步骤

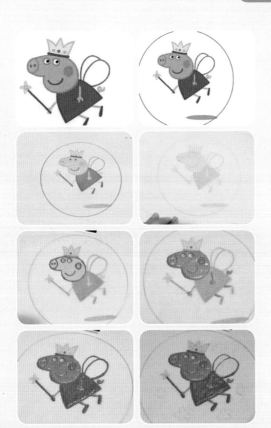

（以小猪佩奇转印为例）

1. 网上找到合适的图片。

2. 根据要制作的蛋糕尺寸画圆，将图片大小调整至圈内（我用的是 PPT，如果涉及有字的情况，图片需要镜像翻转）。

3. 连同圆圈以及图片打印出来，用文件夹板夹住打印图片。

4. 图片上面附一层干净油纸并固定住，同时将图案中涉及的不同颜色和数量的巧克力分别放入裱花袋中，放入 50℃ 左右的热水中融化。

5. 拿出粉色巧克力，在桌面揉搓裱花袋，使巧克力回温到 35℃ 左右（用手触摸裱花袋略凉），裱花袋扎紧，头前剪小口（如果描边的话越小越好），描好小猪佩奇的头部以及皇冠上的一颗宝石。

6. 拿出浅粉色巧克力（三个粉色加两个白色巧克力币混合），同样方法回温（后续不再赘述），填充小猪佩奇的头部，画出手脚和尾巴。

7. 用红色巧克力描边小猪佩奇的衣服、翅膀和魔杖，再填充小猪的衣服。

8. 用白色巧克力描边出云朵，并填充翅膀。

9. 用黑色巧克力点上小猪佩奇的眼珠，绿色巧克力点上魔杖和皇冠上的宝石，蓝色巧克力点上皇冠上的宝石，同时白色巧克力填充云朵。

10. 黄色巧克力描边皇冠以及魔杖的星星，然后填充，白色巧克力填充佩奇的眼睛（务必注意等黑色的眼珠干了后再填充，不然很容易混到一起），最后将圆圈内的其余部分全部涂满蓝色巧克力（天空）。

11. 此时可以继续用其他剩余的巧克力加固整张图片，反正这面将来也是看不到的，常温放至凝固后放入冰箱冷藏或者冷冻至硬，拿出揭掉油纸，完成。

Tips

① 简单的图案可以使用油纸，复杂的就要用透明 PE 板了，我还没有试过。

② 纯可可脂的巧克力务必要遵守其加热以及回温升温的曲线，不然做出的图形很容易渗出白色油脂，影响成品质量。

③ 可以用黑白巧克力加色素的搭配来调制不同的颜色，我直接买了加了纯果粉的巧克力币。

④ 描边后千万不要放入冰箱冷却再进行下一步操作（水汽引起翘曲很容易前功尽弃），室温冷却一下即可，比较平整。

⑤ 整体制作完毕后也建议最好在室温条件下冷却至硬，再放入冰箱冷藏，不然很容易由于水汽散发不充分让整个图面变弯。

吃货日志 47

　　香蕉草莓苹果等各色时令水果做成的派，一定是喜甜食的吃货们不容错过的西点。水果的香甜，辅以黄油牛奶的醇厚，再加上坚果碎以及派皮的酥香，几种味道与口感融合在一起，绝对是不可抵挡的诱惑。本人也是喜欢各色的水果派，只是惧于高糖高热量而很少在家制作。一日，我正捧着手机研读一篇关于水果派的制作过程的文章时，丫头的小脑袋突然凑了过来，看到了首页上水果派的图片，好奇地问道："爸爸，你又要做饼干么？这个是什么啊，好像比萨啊！"我见丫头感兴趣，自己也来了精神："没见过吧，闺女，这叫水果派，和比萨很像，不过它的馅儿是用各种甜甜的水果和牛奶黄油做成的，吃起来又香又甜，美味啊！"说话间我的口水差点流了出来，一脸的憧憬。"爸爸，那你也做给我吃呗。"丫头腆着脸留着口水凑得更近了，抱着我的胳膊哀求道，"好不好么，爸爸。"丫头又开始发挥她的磨人神功，基本让我无从抵抗。"好吧好吧，我答应你了。"其实我也是有心借坡下驴，刚好技痒想实操一番。"那你想吃什么水果的呢？"我问道。"我想想啊。"丫头挠着脑袋，翘着眉毛，小眼睛上挑着思索了一下说道，"爸爸，你给我做香蕉的可以么？那里面的馅儿能像香蕉奶那么好吃么？"丫头最近迷上了香蕉奶，一直对那味道念念不忘。"应该差不多吧。"我不确定地说道，"那咱们试一次，看看是不是比你喝的香蕉奶味道还好。"事实证明，最后完成的酥粒香蕉派让丫头评价颇高，前后吃了两大块还不肯罢手，最后在我强行干预之下才恋恋不舍地停止，只是眼神依然迷恋地陷入剩余的香蕉派中，久久不能自拔。

酥粒香蕉派

　　"没见过吧，闺女，这叫水果派，和比萨很像，不过它的馅儿是用各种甜甜的水果和牛奶黄油做成的，吃起来又香又甜，美味啊！"说话间我的口水差点流了出来，一脸的憧憬。"爸爸，那你也做给我吃呗。"丫头腆着脸留着口水凑得更近了，抱着我的胳膊哀求道，"好不好么，爸爸。"丫头又开始发挥她的磨人神功，基本让我无从抵抗。"好吧好吧，我答应你了。"其实我也是有心借坡下驴，刚好技痒想实操一番。

制作材料

主料（派皮）： 低筋粉 100g，黄油 40g，细砂糖 10g，水 35g

香蕉馅： 香蕉肉 150g，鸡蛋 40g，细砂糖 10g，牛奶 70g（或是原味酸奶 70g），黄油 20g，
高筋粉 15g，盐 1/4 小勺

杏仁酥粒： 高筋粉 30g，黄油 20g，美国大杏仁 25g，细砂糖 10g

烘焙要点： 先烤箱中层，上下火 180℃，35 分钟左右，再放到下层，180℃烘烤 10 分钟左右
（会让底部更加酥脆）

制作步骤

杏仁酥粒制作：

1. 杏仁用刀切碎，再用擀面杖稍碾
   压成颗粒状备用。

2. 黄油软化，加入细砂糖搅拌均匀。

3. 加入高筋粉和杏仁碎搅拌均匀，
   并揉成面团放入冰箱冷冻至硬。

4. 需要时拿出揉碎搓散成颗粒状即可。

派皮制作：

5. 黄油软化，加入低筋粉和细砂糖
   用手搓匀至粗颗粒状。

6. 加水揉成柔软光滑面团，放置醒
   发 15 分钟。

7. 醒发好的面团擀成薄片， 2~3mm 厚即可，盖在活底派盘上并轻压面片，让其与派盘充分贴合。

8. 用擀面杖在派盘口滚过，轻易切断多余面片并移除。

9. 用叉子在底部插上小孔，防止派皮烘烤时鼓起。

香蕉馅制作：

10. 香蕉肉切成小丁备用。

11. 黄油加热至融化（不是软化），倒入牛奶、细砂糖和盐搅拌均匀。

12. 加入高筋粉，用搅拌器打成均匀混合物，再加入鸡蛋搅拌均匀，最后加入香蕉粒混合均匀，馅料准备完毕。

13. 将准备好的馅料倒入铺有派皮的派盘中至八九分满。

14. 均匀撒上准备好的杏仁酥粒。

15. 放入预热180℃的烤箱中层烘烤35分钟至酥粒表面金黄馅料凝固，再移到下层，180℃烤10分钟拿出，冷却切块即可。

① 制作派皮时揉好面一定要醒发一会，便于后部操作不回缩。

② 馅料不要过满，防止烤制时溢出。

③ 烤制时分两步的原因就是第一步馅料成熟凝固，第二步让派皮更加酥脆，增加口感。

④ 制作酥粒的材料不一定非要是杏仁，其他的坚果也可以。

⑤ 香蕉可以换成任意其他水果，只是硬的需要提前炒制一下。

温氏秘诀 19

制作巧克力转印的注意事项

巧克力转印，看似简单的工作，其实在制作过程中还是需要注意几点，不然最后完成的成品肯定不尽人意，不仅浪费了时间，还浪费了很多材料。

① 根据所做图形的颜色分类，事先准备好不同数量的巧克力币加热备用，并注意巧克力的回温曲线，有条件的话最好买一个热偶来准确地衡量巧克力升温融化和回温的曲线。

② 如果采用冷热水的方式融化并回温巧克力，一定注意旁边备一个干净消毒的棉布或者厨房用吸油纸，以便操作前擦干裱花袋表面的水分。

③ 要转印的图形和上面的油纸一定要贴合平整，能够清晰地透过油纸看到下面的图形且无任何变形，防止勾勒边缘时由于看不清图形中断。

④ 勾勒完外边框时，如果需要在里面填充不同颜色的巧克力，一定要等外边缘变硬再操作，不然容易造成颜色融合，边缘不清晰，但冷却时千万不要图快放入冰箱，不然很容易让巧克力翘起，与纸面剥离，造成无法操作。

⑤ 做完所有的图形，最好能在自然条件下风干变硬，这样出来的图形不会出现弯曲的情况，如果做完直接放入冰箱冷藏或冷冻，一定会翘曲。

⑥ 如果中途出现颜色用错或者滴落的情况，千万别紧张，小心地用吸油纸将其擦除即可，然后再使用正确的颜色进行重新绘制，也没有问题。

吃货日志 48

　　自从我涉足烘焙，丫头日常的零食多半出自我手，不仅摈弃了市面上触目的添加剂，又能按照她的口味灵活地调整配方，当然很受丫头的欢迎。故而在她的家庭地位排行榜中，我顺理成章地高居首位，这之中隔三差五提供给她喜欢的吃食绝对加了不少分数。

　　一天，丫头一边吃着我做的饼干，一边问："爸爸，你们小时候都吃些什么零食啊？"我随口答道："我们啊，可没你现在品种这么多、这么健康，也就是像什么酸梅粉啊，果丹皮啊之类的几种，而且都是一堆的添加剂，很不好的。""哦，怪不得你的头发都白了。"丫头恍然大悟地说道。小补刀手开始毫不留情地补刀，又狠又准。"不是啊，爸爸的白头发可和这些没啥关系，"我忙摇头说道，"但爸爸小时候也有特好吃的零食，比如我最喜欢的就是大片儿酥，也叫桃酥，脆脆香香的可好吃了！""桃酥？"丫头瞪大了眼睛说道，"桃子做的么？"我有时很佩服丫头这种打岔的本领，弹指间能把话题岔到北极。我说："不是桃子做的，原来最开始做这种点心的时候，是加入了碾碎的桃子仁儿，就像杏仁儿一样，但现在都不加了。""这样啊！"丫头来了精神，撂下手里的饼干，凑过来对我又抱又亲。身为她爹，看她这副样子就知道她要干什么，忙说道："别来这套，等这次做的饼干吃完了，我再考虑要不要给你做桃酥。"丫头嘿嘿一笑答道："好吧！"

　　结果当天下午，小丫头打着饱嗝捧着肚子，得意地拿着空的饼干盒在我眼前晃悠："爸爸，我吃完了，给我做桃酥吧！"我瞬间无语，后悔和她作了这个约定，结果

腰果酥

"爸爸，你们小时候都吃些什么零食啊？"

"我们啊，可没你现在品种这么多，这么健康，也就是像什么酸梅粉啊，果丹皮啊之类的几种，而且都是一堆的添加剂，很不好的。"

"但爸爸小时候也有特好吃的零食，比如我最喜欢的就是大片儿酥，也叫桃酥，脆脆香香的可好吃了！"

"桃酥？桃子做的么？"

"不是桃子做的，原来最开始做这种点心的时候，是加入了碾碎的桃子仁儿，就像杏仁儿一样，但现在都不加了。"

"这样啊！"丫头来了精神，撂下手里的饼干，凑过来对我又抱又亲。

"别来这套，等这次做的饼干吃完了，我再考虑要不要给你做桃酥。"

结果当天下午，小丫头打着饱嗝捧着肚子，得意地拿着空的饼干盒在我眼前直晃："爸爸，我吃完了，给我做桃酥吧！"

乖乖进了小丫头的圈套。心中也不得不竖起拇指称赞丫头，不愧是爹的亲闺女，为了吃够拼！于是为了守信，我只得乖乖地下厨做桃酥给她。只是基于孩子的口味和健康，将材料中普通的植物油改成橄榄油，并加入了腰果，舍弃臭粉改用小苏打等等，味道依然绝棒，故而暂且低调地将其命名为温氏独家秘制超级无敌腰果酥！

制作材料

主料： 低筋粉 100g，细砂糖 20g，橄榄油 55g，全蛋液 10g，泡打粉 1/4 小勺，小苏打 1/8 小勺，
熟腰果 50g

辅料： 全蛋液适量，黑芝麻适量

烘焙要点： 180℃，20分钟

制作步骤

1. 橄榄油、细砂糖和全蛋液混合在一起，搅拌均匀。

2. 腰果用擀面杖碾碎备用。

3. 低筋粉、泡打粉和小苏打混合在一起，过筛筛入油糖混合液中，同时加入腰果碎。

4. 用刮刀切拌均匀，和成面团。

5. 取一小块面团，搓成圆形。

6. 按扁并放入铺了锡纸的烤盘，如此将剩余的面团也做成饼坯放入烤盘中。

7. 饼坯表面刷上全蛋液，并撒上黑芝麻，放入预热180℃的烤箱中烘烤20分钟，直到表面金黄出炉。

Tips

① 腰果酥的口感应该是酥脆的，如果中间有软心，可以回烤箱中低温150℃再烘烤十几分钟。

② 橄榄油有些味道，如果不喜欢，也可换成玉米油，或者融化的黄油。

③ 腰果可以换成各种坚果仁，随你喜好。

吃货日志 49

幸福其实很简单。比如身在帝都，若是赶上个好天儿，心情立马阳光灿烂，朋友圈中竞相晒出各种角度的晴天图片，附带着仿佛中了 500 万的感慨与兴奋；若赶巧周末是一个让你吸得 high 到不知东南西北的严重雾霾天儿，便心安理得地宅在家中陪着菲妈和丫头，做做饭，聊聊天儿，看看书，也是难得的清闲。这款火得掉渣儿的蔓越莓曲奇，制作简单，但美味可口，作为宅在家中的饭后茶点，绝对让你简单的幸福感越发爆棚到极点。尤其是我家的吃货丫头，见着饼干出炉，没等晾凉，便偷偷地来到刚出烤箱的烤盘前，小贼手快速地绕过我的防御，利落地顺走几片，一边快速地用两手倒着烫烫的饼干，一边快速地跑向客厅，留下一串哈哈哈的标志性爽朗笑声。

蔓越莓曲奇

这款火得掉渣儿的蔓越莓曲奇，制作简单，但美味可口，作为宅在家中的饭后茶点，绝对让你简单的幸福感越发爆棚到极点。尤其是我家的吃货丫头，见着饼干出炉，没等晾凉，便偷偷地来到刚出烤箱的烤盘前，小贼手快速地绕过我的防御，利落地顺走几片，一边快速地用两手倒着烫烫的饼干，一边快速地跑向客厅，留下一串哈哈哈的标志性爽朗笑声。

制作材料

主料：低筋粉 110g，全蛋液 15g，黄油 70g，糖粉 20g，蔓越莓干 40g

烘焙要点：烤箱中层，180℃，约 20 分钟，至表面微金黄色

制作步骤

1. 黄油软化，加入糖粉搅拌均匀，不须打发。

2. 加入全蛋液混合均匀。

3. 倒入切碎的蔓越莓干，过筛加入低筋粉。

4. 刮刀上下切拌成均匀面团。

5. 把面团放在附有保鲜膜的面板上，用手整形成长方形面团（长宽随意，我的是大概长 6㎝、高 3㎝ 的长方体），并放入冰箱冷冻 50 分钟到一个小时。

6. 取出冻硬的长方形面团用刀切成厚约 0.5㎝ 左右的长条，切好后放入烤盘。

7. 放入预热 180℃ 的烤箱，烤制 20 分钟左右至表面金黄即可。

Tips

① 面团有些湿，最好隔着保鲜膜操作，或者冷藏一下再整形。

② 蔓越莓对身体很有好处，尤其是女性，可以搜索一下，这里不再赘述。

③ 蔓越莓干大部分比较甜，所以糖粉的量根据个人口味增减，20克对我家老小刚刚合适。

吃货日志 50

　　"丫头，过来看看爸爸收拾得干不干净！"一日下班回家，菲妈和岳母晚上逛街，留我们爷儿俩在家，丫头坐在客厅听故事画画，我则收拾厨房里的烘焙器具，两人各忙各的事情。几年下来，杂七杂八的各种烘焙工具和模具塞满了整整两格柜子，杂乱地混在一起。于是我用了刚刚购买的 3 个收纳盒将各类器具分门别类地整理，足足花了半个多小时才整理完毕。看着整洁的收纳柜，心情大好，于是喊客厅中的丫头过来参观，借以显摆一番。"来喽！"丫头在客厅中回应着，然后就听见踢踢踏踏的脚步声由远而近。"爸爸，干吗？"丫头扒着厨房门框探出小脑袋问道。"看看爸爸这边收拾得干不干净？"我叉着腰得意地问道。丫头走进厨房，看着我收拾完毕的橱柜，一脸夸张的惊叹表情："哇塞，爸爸，你收拾得好干净啊！你好棒啊！"我家丫头的捧人功夫一直以来都是一流的。"那是，你爹我花了半个小时才整理好的。"我又直了直腰，顺着丫头的称赞顺杆儿爬了上去，更加得意。"爸爸，要不咱们做顿饼干庆祝一下？"丫头眯缝着眼睛，笑嘻嘻地说着，一脸的狡黠。这时，我又恍然意识到我家丫头下套的功夫其实要远高于捧人。"那好吧，今天老爸高兴，给你做些饼干吧。"我无奈，只能答应下来，谁让人家提出了正当的理由，而我又难于拒绝。"好诶！"丫头一蹦老高，兴奋地说道，"爸爸，今天你要做什么饼干？需要我帮忙搓球还是印模子？""今天咱们既不搓球也不印模，咱们把饼干挤出来，怎么样？"我故作神秘地挤着眼睛说道。"挤出来？爸爸，那不是做纸杯蛋糕么？需要用袋子一挤一挤的，把糊糊挤到纸杯里？就这样？"说着用手比画着挤裱花袋

黄油曲奇

　　丫头走进厨房，看着我收拾完毕的橱柜，一脸夸张的惊叹表情："哇塞，爸爸，你收拾得好干净啊！你好棒啊！"我家丫头的捧人功夫一直以来都是一流的。"那是，你爹我花了半个小时才整理好的。"我又直了直腰，顺着丫头的称赞顺杆儿爬了上去，更加得意。"爸爸，要不咱们做顿饼干庆祝一下？"丫头眯缝着眼睛，笑嘻嘻地说着，一脸的狡黠。这时，我又恍然意识到我家丫头下套的功夫其实要远高于捧人。"那好吧，今天老爸高兴，给你做些饼干吧。"

的动作，看来平日里耳濡目染，还是让丫头知道了些许制作点心的基本动作和流程。我说："差不多吧，不过这次咱们在袋子里放一个金属头，这样挤出来的面糊就能带着漂亮的花纹，放在烤箱里一烤，就成了饼干。""好啊，爸爸，那我来帮你挤饼干吧。"于是在我手把手地教丫头挤出几个圆形曲奇形状后，最后一个毛毛虫形状，就是丫头独立操作一不小心而出的杰作。

制作材料

主料：低筋粉 90g，黄油 75g，糖粉 15g，细砂糖 5g，蛋白 1/2 个，盐 1/8 小勺

烘焙要点：烤箱 190℃，10 分钟，之后调温至 120℃再烘烤 10 分钟，充分烤干

制作步骤

1. 黄油软化，加入细砂糖打发黄油至蓬松且颜色变白。

2. 加入糖粉、蛋白和盐，充分打发至蓬松状。

3. 筛入低筋粉。

4. 刮刀上下搅拌成细腻糊状。

5. 裱花袋装上裱花嘴，将面糊装入。

6. 烤盘铺好锡纸，将面糊挤在上面。

7. 烤箱预热 190℃，将烤盘放入烤箱中。

8. 先 190℃烤 10 分钟至定形上色，回温 120℃继续烤制 10 分钟，拿出晾凉。

Tips

① 糖粉和细砂糖混合是为了使曲奇的花纹更加立体，单独用细砂糖或是糖粉效果都不好。

② 搅拌不要过度，不然影响花纹成形。

③ 黄油打发不要过度，不然增加面团延展性后不利于花纹保持。

④ 蛋白也可改用全蛋，不过用量还需要调节，可以尝试。

温氏秘诀 20

让黄油曲奇花纹清晰的窍门

① 黄油不要过度地打发，并注意混合糖粉和细砂糖来调节口感并保持花纹清晰，基本比例为 3:1 左右。

② 如果追求花纹清晰，可以混合部分高筋粉，不过会影响口感，用低筋粉操作要注意不要过度搅拌。

③ 面团的干湿度一定要适当，过干的面团不容易挤出而且花纹粗糙，过湿的面团则对成形不利，容易花纹模糊，虽然配方中干湿材料的克数都已经给出，但不同面粉的含水量不一致，需要尝试一两次后酌情增减。

④ 烘烤温度要适当，一般来说 190℃左右是比较适宜的温度，过高过低都不利于保持清晰的花纹。